普通高等教育"十二五"规划教材

EDA 技术及应用

范晶彦 黄 蓉 李雪梅 编

机 械 工 业 出 版 社

本书致力于教学过程与工作过程融合，全面应用电子设计自动化技术，使学生通过完成具体的工作任务熟练使用各类开发工具，胜任电子信息类企业具体项目的设计与技术开发。

全书内容基于应用电子技术等领域常用设备——频率计的设计、实验仿真、印制电路板图绘制、硬件实验的全过程，体现 EDA 技术中三个软件（Multisim 电路仿真软件、Protel 99SE 软件、Max + Plus Ⅱ 设计软件）的应用，每节配备知识扩展与提高供读者阅读思考，每章都配有习题供读者复习巩固。

建议总学时为 80 学时左右，学习 Multisim 电路仿真软件 30 学时，学习 Protel 99SE 软件 30 学时，学习 Max + Plus Ⅱ 设计软件 20 学时，在教学中可结合具体专业情况对内容进行适当调整。

本书可作为应用型本科、高职高专应用电子技术、电子信息、通信技术、工业自动化和计算机应用技术等相关专业的教材，也可供有关工程技术人员参考。

图书在版编目（CIP）数据

EDA 技术及应用/范晶彦，黄蓉，李雪梅编．—北京：机械工业出版社，2011.1

普通高等教育"十二五"规划教材
ISBN 978-7-111-33159-9

Ⅰ.①E… Ⅱ.①范…②黄…③李… Ⅲ.①电子电路–电路设计：计算机辅助设计–高等学校–教材 Ⅳ.①TN702

中国版本图书馆 CIP 数据核字（2011）第 011000 号

机械工业出版社（北京市百万庄大街 22 号 邮政编码 100037）
策划编辑：贡克勤 责任编辑：贡克勤 任正一
版式设计：霍永明 责任校对：李秋荣
封面设计：路恩中 责任印制：乔 宇
北京机工印刷厂印刷（三河市南杨庄国丰装订厂装订）
2011 年 3 月第 1 版第 1 次印刷
184mm × 260mm · 11 印张 · 271 千字
标准书号：ISBN 978-7-111-33159-9
定价：26.00 元

前　言

本书根据自动化技术领域的实际产品（频率计）和技术（设计过程的实验仿真与PLD 的应用）选取教学内容，从设计到成品制作分为 4 个部分（4 章）进行学习，每节都配有知识扩展与提高供读者阅读思考，每章都配有习题供读者进行练习。

本书的基本内容包括：

Multisim 电路仿真软件的应用。通过熟悉 Multisim 基本界面，实现 4 位二进制计数器芯片 74160 测试仿真，并掌握 Multisim 中常用虚拟仪器的使用，通过对 4 位十进制计数器的原理图绘制与仿真测试以及锁存器的设计与测试内容演示原理图的绘制方法，通过子电路和输入输出端口的绘制学会子电路的应用，在编辑原理电路中使用了总线，最后实现了频率计的整合与仿真测试。

应用 Protel 99SE 软件绘制 4 位频率计电路图。通过对 4 位频率计电源部分原理图设计讲解电路图的绘制方法以及电路元件的绘制方法，通过绘制时钟信号发生器电路原理图掌握原理图中使用 "NetLabel" 网络标志的方法，通过对 PLD 可编程逻辑器件及其外围电路原理图绘制学会集成电路元件的制作方法以及在原理图中调用此元件的步骤。

应用 Protel 99SE 软件绘制 4 位频率计印制电路板图。首先将应用 Protel 99SE 软件绘制的 4 位频率计电路图创建网络表文件，通过对原理图中的各元件封装的装载以及元件封装的绘制来学习元件的装载与绘制方法，通过对装载元件布局的调整学会元件手工调整和自动调整的方法，最后实现印制电路板图的自动布线。

应用可编程逻辑器件设计和测试 4 位频率计。通过熟悉 Max + Plus Ⅱ 软件基本界面，建立 4 位频率计原理图，通过在软件 Max + Plus Ⅱ 中对频率计原理图的编译与仿真学习原理图的仿真与仿真测试的方法，通过将测试无误的原理图下载到硬件进行实验来检验原理图的绘制、仿真的正确性，通过锁存器子电路原理图绘制与测试学会子电路的设计、测试以及调用方法，通过分频器电路的设计、编辑、测试以及显示扫描电路设计学习进行不同电路的设计和测试方法，最后在原理图文件中绘制频率计完整电路图、编译、进行波形仿真、完成硬件实验。

因为在频率计设计与制作的过程中没有完全涵盖各软件的所有应用内容，所以在每章配有的习题中部分是用来巩固所学习的内容，还有一部分是练习在设计与制作频率计时没有涉及的各软件应用部分。教材的每一节都配有知识扩展与提高，为学习下部分的内容奠定基础。全书的内容涵盖了国家职业技能鉴定专家委员会的 Protel 99SE 绘图员证书的内容。

学生通过频率计的设计、仿真、硬件实验分别熟悉 Multisim 电路仿真软件的应用、掌握运用 Protel 99 SE 软件进行原理图的设计、印制电路板的设计步骤，学会应用可编程逻辑器件基本开发软件 Max + plus Ⅱ 进行完整设计的方法和步骤。

本书由范晶彦、黄蓉、李雪梅共同编写。其中，第 1 章和第 4 章由范晶彦编写，第

2 章和第 3 章由黄蓉编写，习题部分由李雪梅编写，全书由范晶彦统稿。

本书的出版得到"北京市职业院校教师素质提高工程"项目资助，在此表示衷心的感谢。

由于水平有限和时间仓促，书中错误和不足之处在所难免，恳请大家批评指正。

编　者

目 录

第1章 Multisim 电路仿真软件的应用

4 位频率计是现实中最常用的测量被测信号（暂为方波）频率的专用仪器，它的设计思路是用正半周脉宽为 1s（周期：2s，频率：0.5Hz）的时钟脉冲信号控制计数器记录被测信号 1s 内出现的次数，即频率；当正半周结束，计数器把记录结果送锁存器保存并确保显示输出，计数器则被清零待下一个正半周到来时重新计数。如此周而复始，显示器则稳定输出被测信号频率值。

在仿真软件 Multisim 的学习中，我们将以设计 4 位频率计的完整过程为例，巩固必要的理论知识，全面掌握在 Multisim 中调用元器件、仪器仪表以及正确设置实现仿真地方法与步骤，使读者能够熟练地操作软件，从容应对各类复杂的电路设计。

1.1 Multisim 入门

1.1.1 认识 Multisim 基本界面

Multisim 基本界面如图 1-1 所示。

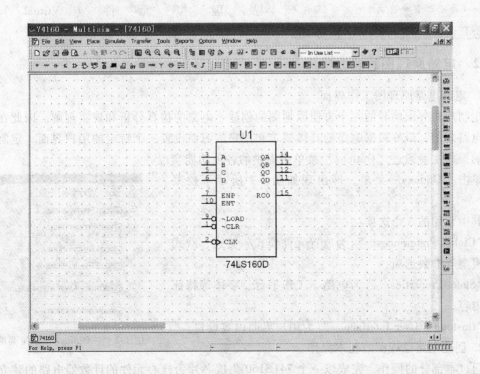

图 1-1 Multisim 基本界面

Multisim 与所有的 Windows 应用程序类似，可在菜单（Menus）中找到所有功能的命令。

1. 系统工具栏

系统工具栏（System toolbar）包含常用的基本功能按钮，如新建、打开、保存、剪切、复制、粘贴等基本命令。

2. 设计工具栏

设计工具栏（Multisim design Bar）是 Multisim 中一个的特有组成部分，图中部分按钮功能如下：

显示/隐藏 design toolbox 按钮（show or hide design toolbox），用来显示/隐藏全部工程文件和当前打开的文件。

显示/隐藏 spreadsheet bar 按钮（show or hide spreadsheet bar），用来显示/隐藏当前打开文件信息。

数据库管理按钮（Database manager），用于对元件数据库进行管理。

元件编辑器按钮（Create component），用于增加元件。

仿真按钮（Run/stop Simulation），用于开始、暂停或结束电路仿真。

分析图表按钮（Grapher /Analyses list），用于显示分析后的图表结果。

3. 使用中元件列表

使用中元件列表（In Use List）列出了当前电路所使用的全部元件。

4. 元件工具栏

元件工具栏（Component toolbar）包含仿真元件（Component）箱及虚拟元件（Virtual）箱按钮。

1.1.2　电路原理图的建立

1. 定制电路原理图工作界面

定制用户界面的目的在于方便原理图的创建、电路的仿真分析和观察理解。因此在创建一个电路之前，最好根据电路的具体要求和用户的习惯设置一个特定的用户界面，定制用户界面的操作主要通过"Options"菜单中提供的各项功能实现。

单击"Options"菜单，即出现如图 1-2 所示下拉菜单。

其中常用的 3 个选项：

"Global Preferences…"为放置元件模式、美式、欧式元件模型等参数选项；

"Sheet Properties…"为电路、工作平台、字体等特征设置内容；

"Customize User Interface…"为用户界面内容设置。

图 1-2　"Options"下拉菜单

2. 创建电路原理图的基本操作

通过本部分的操作，完成以一个 74LS160 集成芯片为核心元件的计数器电路的建立。

（1）建立电路文件　运行 Multisim 建立电路文件，电路的颜色、尺寸和显示模式可自行设置。

（2）放置元件　利用元件工具栏放置元件，这是放置元件的一般方法。也可以通过执行菜单命令"Place | Place Component"来进行元件的放置。

1）放置 74160 集成电路芯片。用鼠标在元件工具栏任意工具上单击，打开"Select a Component"对话框，如图 1-3 所示，正确设置"Group"、"Family"，找到"74LS160D"计数器芯片。

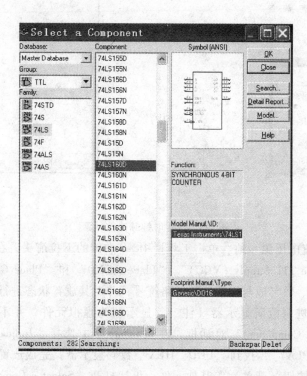

图 1-3　"Select a Component"对话框

单击"OK"，并将鼠标移到要放置元件的位置后单击，74LS160D 即出现在电路窗口中，如图 1-4a 所示。

在元件上单击鼠标右键，在弹出的快捷菜单中可以通过"Cut"、"Copy"、"Delete"等命令对已放置的元件进行操作。其中"Flip Horizontal"、"Flip Vertical"、"90 Clockwise"、"90 CounterCW"4 个命令可以使元件按使用者要求完成水平（垂直）镜像翻转，或顺（逆）时针转 90°，操作完毕后的电路元件如图 1-4b 所示。

2）放置时钟脉冲信号源，如图 1-5 所示。单击工具栏中 右侧的下拉箭头，打开如图 1-5a 所示信号源选择列表，在其中选择

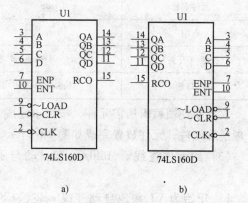

图 1-4　放置后的集成电路

"Place Clock Voltage Source"，放置时钟信号源如图 1-5b 所示。双击该信号源电路符号，弹出如图 1-5c 所示对话框，则可以对时钟信号源属性进行修改。

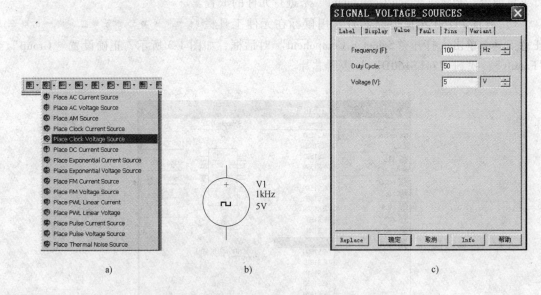

图 1-5　放置时钟脉冲信号源

3）放置 5V 直流电压源和地。单击工具栏中 图·右侧的下拉箭头，在弹出的电源选择列表中分别选择"Place TTL Supply（VCC）"、"Place DGND"和"Place Ground"放置 TTL 集成芯片专用 5V 电源、数字地与模拟地的电路符号，并对其放置状态进行编辑。

4）放置二－十进制数码显示器（注：此显示器为虚拟元件，并不是常用的七段数码管）。打开"Select a Component"对话框，在"Group"中选择"Indicators"，在"Family"中选择"HEX_ DISPLAY"，找到"DCD_ HEX"数码显示器，完成放置。

5）放置电阻、按钮（开关）等其他元件。仍然打开"Select a Component"对话框，按表 1-1 所列方法找到相应元件。

表 1-1　放置选择的元件

元件名称	Group	Family	Component
电阻	Basic	RESISTOR	1.0kΩ
按钮（开关）	Electro_ Mechanical	MOMENTARY_ S…	PB_ NO
小灯泡	Indicators	PROBE	PROBE_ RED

放置原理图编辑所需元件，按要求完成"镜像翻转"、"转 90°"等操作，并为方便连线合理摆放元件，元件放置完成如图 1-6 所示。

（3）给元件连线　Multisim 有自动与手工两种连线方法，大多数连线用自动连线完成。

1）开始为 V1 和地自动连线。将鼠标靠近信号源 V1 下端引脚的线端，鼠标由"箭头"变化为中间黑点儿的十字标，单击鼠标左键，接着将鼠标拉向正下方的接地符号上，当靠近接地符号引线端时，鼠标又一次显示为中间黑点儿的十字标，再次单击鼠

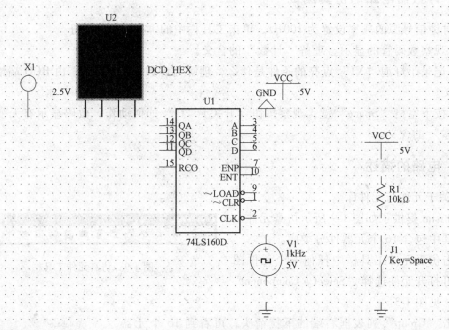

图 1-6　元件放置完成

标左键，连线完成，如图 1-7 所示。连线默认为红色。要改变单个
连线的颜色，用鼠标右键单击此连线，在弹出式快捷菜单中选择
"Color"命令，更改颜色后单击"OK"确认即可。

　　2）用自动连线完成其他连接，结果如图 1-8 所示。如要删除连线，
右键单击连线在弹出式快捷菜单中选择"Delete"命令。

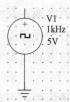

图 1-7　连线

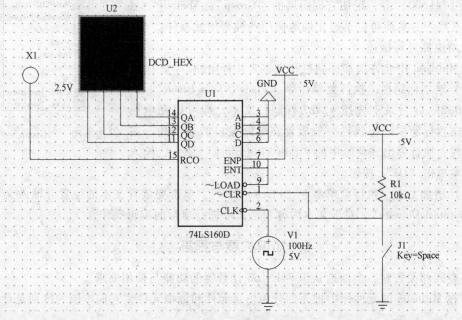

图 1-8　原理图完成

1.1.3　计数器电路的仿真测试

将时钟信号源的频率设置为100Hz，单击工具栏中的 [■■] 仿真按钮。

1）观察数码管的显示，理解"计数"的含义。

2）记录小灯泡"X1"点亮的条件是什么，理解当计数器计数到9，由 RCO 端给出高电平的含义。

3）按下空格"Space"键，观察按钮（开关）"J1"如何动作，数码显示有无变化，理解"清零"的含义。

1.1.4　电路的描述

1. 关于元件与元件库

Multisim 提供了如图1-9所示仿真元件工具栏，其中包含16个元器件分类库。

图1-9　仿真元件工具栏

单击仿真元件工具栏中任何一个元件图标，即可打开元件选择"Select a Component"对话框，见图1-3。

单击"Group"列表框右端的下拉箭头，可看到16个元器件分类库列在其中，如图1-10所示；"Family"区中列出了每个库含有的元件箱3～30个不等；在这些元件箱中分门别类地存放各种电路仿真元器件，并在"Component"区中列出，供用户调用。

图1-10　"Group"列表

请读者学习放置电容器、普通二极管、发光二极管、NPN 或 PNP 型晶体管、常用数字门电路如非门（74LS04）、二输入与非门（74LS00）等，记住它们所属的"Group"、"Family"名称，反复练习，从而可以迅速正确地调用各种常用元器件。

2. 对电路进行描述

在 Multisim 中允许增加标题栏和文本来注释电路。

（1）增加标题栏　执行菜单命令"Place | Title Block"，一般在 TitleBlocks 目录下选择 ＊.tb7 标题栏文本，即可以在电路窗口中放置标题栏。标题栏一般放置在电路窗口的右下角。右击标题栏，执行弹出式菜单中的"Edit Title Block"命令，输入所需文本单击"OK"按钮。

（2）增加文本　执行菜单命令"Place | Text"，单击要放置文本的位置并输入文本，例如"My tutorial circuit"，对于文本内容和格式可进行通常的编辑操作。

知识扩展与提高

1. 查阅相关资料，全面地认识 74LS160 计数器的功能与使用要求。

2. 在 Multisim 的元件库中把元件分为仿真元件和虚拟元件，它们本质的区别是什么？

1.2　常用虚拟仪器的使用

1.2.1　虚拟仪器简介

虚拟仪表是 Multisim 最实用的功能和特色之一。Multisim 提供了包括数字万用表、函数发生器、功率表、示波器、伯德图图示仪、字信号发生器、逻辑分析仪、逻辑转换仪、失真度分析仪、网络分析仪和频谱分析仪等仪表，在使用中允许同一个仿真电路中调用多个仪表，使得 Multisim 成为一个超级电子实验室。

仪表工具栏位于 Multisim 的工作界面的右侧。每一个按钮代表一种仪表，为了表达方便，将该仪表工具栏水平放置，如图 1-11 所示。

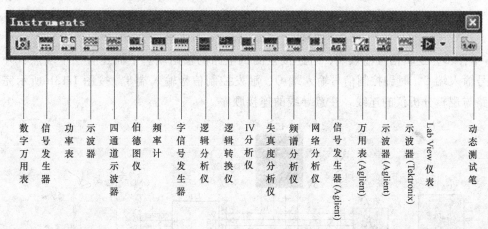

图 1-11　仪表工具栏

1.2.2　逻辑分析仪的使用

在学习脉冲数字电路时，最直观的方法是通过波形图或时序图来分析电路的逻辑功能和工作原理。Multisim 所提供的逻辑分析仪（Logic Analyzer）可以同时测量和分析 16 路逻辑信号，是数字电路实验中非常有效的测试仪器。下面我们对 1.1.2 节中所绘制的 74LS160 计数器原理电路进一步仿真与分析，学会逻辑分析仪的使用方法。

1. 对已有的原理图做必要的处理

打开已绘制好的电路原理图文件，双击某条导线可打开"Net"对话框，即可编辑该条导线的"Net"属性。

如双击时钟脉冲信号源输出导线，即可打开如图 1-12a 所示对话框，将"Net name"更改为"cp"（表示为时钟信号），并勾选"Show"前的复选框，单击"OK"，"Net"属性设置完成，如图 1-12b 所示。后续我们还需要对其他几条导线做 Net 属性的设置，完成后如图 1-12c 所示。

2. 测试电路

单击仪表工具栏上的 ▇ 按钮即可取出一个浮动的逻辑分析仪，移至目的地后，按鼠标左键即可将它放置于该处。如图 1-13a 所示为逻辑分析仪符号，符号左边有 16 个端线分别

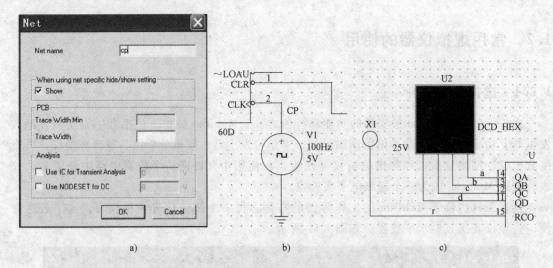

图 1-12　设置导线 "Net" 属性

是 1 ~ F（16）逻辑信号输入端，可连接至测试电路的输出端。下面还有三个端点：外部时钟信号输入端 C、时钟控制信号输入端 Q、触发控制信号输入端 T。按图 1-13b 所示完成测试电路与逻辑分析仪的连线，注意导线的连接顺序。

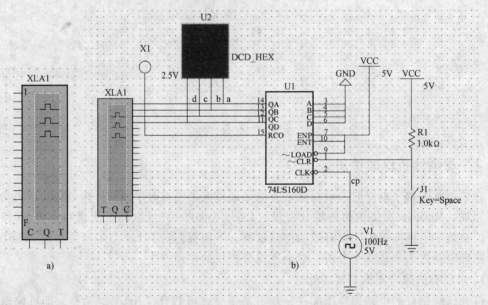

图 1-13　逻辑分析仪

双击逻辑分析仪的符号显示如图 1-14a 所示的面板。单击 "Clock" 区中的 "Set..." 按钮，即可打开如图 1-14b 所示对话框，由于所使用的时钟信号源为 100Hz，则在 "Clock setup" 对话框中设置 "Clock Rate" 为 1kHz。

3. 观察仿真波形

单击工具栏中的 ▣▣▣▣ 仿真按钮，适当调整 Clocks/Div 设置，即可观察到如图 1-15 所示的仿真波形。

随着 cp 脉冲一个一个的出现，观察 dcba 的状态是从 0000 ~ 1001 变化的。体现了 "4 位

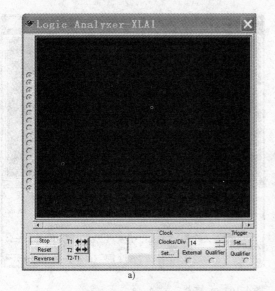
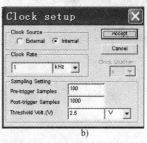

图 1-14　逻辑分析仪面板与 "Clock setup" 对话框

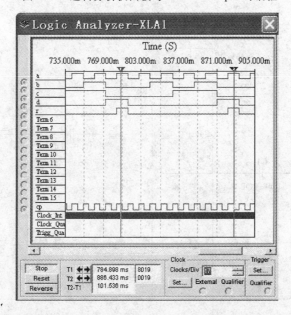

图 1-15　单片 74LS160 计数器电路仿真波形

二进制计数"的含义，它与 1.1 中数码显示器的显示结果是对应的。

触发器有 "上升沿" 触发和 "下降沿" 触发，我们可将示波器调到 "上升沿" 触发，观察 r 仅在每一个计数周期出现高电平时与 1.1 中小灯泡的闪烁规律是对应的。

1.2.3　应用示波器进行电路仿真

"逻辑分析仪" 可以理解为用于分析数字逻辑电路的 "示波器"，在做模拟电子电路实验时经常使用的是示波器。Multisim 也为用户提供了如图 1-16 所示的双踪示波器的符号与面板。

读者可以编辑如图 1-17 所示单管共射放大电路的原理电路，应用双踪示波器观察其输入及输出信号波形。

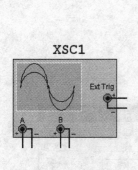

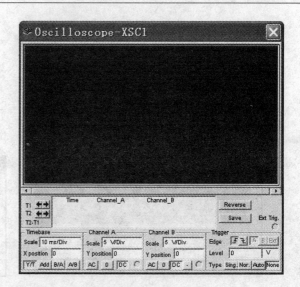

图 1-16　示波器

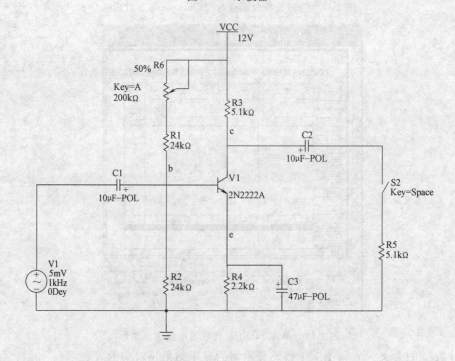

图 1-17　单管共射放大电路

知识扩展与提高

1. 逻辑分析仪与被测试电路连接时按一定顺序接线的用意是什么？

2. 在已完成的两个任务中，74LS160 的两个使能端（ENT 和 ENP）始终接高电平，若改接低电平则会怎样？

3. 对于图 1-17 所示电路，5mV、1kHz 信号源在实验室中我们使用的是信号发生器，在仪表工具栏中找到信号发生器，学习使用。

1.3　十进制计数器的原理图绘制

在 1.1 节中我们学习了计数器电路原理图绘制，并进行了仿真测试。下面我们分别绘制 2 位、3 位、4 位十进制计数器的原理图，并进行仿真测试。

1.3.1　2 位十进制计数器原理图的绘制

在前面 1.1 和 1.2 节中，我们使用了一片 74LS160 集成计数芯片，通过仿真可观察到随着每一个时钟脉冲的到来计数器加 1，计数周期为 0000 ~ 1001（即十进制中的 0 ~ 9），并且当计数为 1001（即 9）时，r 输出一个瞬时的高电平，宽度等于时钟脉冲的周期。

在这里我们需设计的 2 位十进制计数器意味着计数周期为十进制的 0 ~ 99，已绘制完成的部分完全可以看做是该计数器的"个"位，"十"位的部分与"个"位会很相似，唯一的不同是当"个"位完成一个计数周期后，"十"位才加 1，即当"个"位的 r 输出高电平时，"十"位的两个使能端才出现高电平完成加 1 的计数，才有了如图 1-18 所示原理电路。

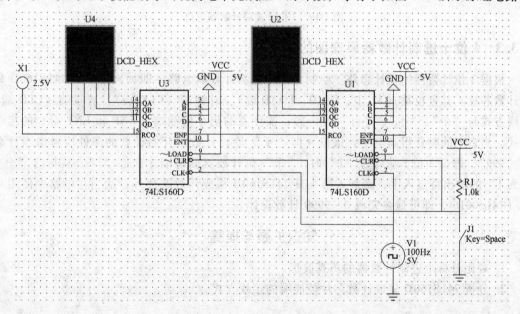

图 1-18　2 位十进制计数器

单击工具栏中的 ▭▭ ▭▭ 仿真按钮开始仿真，观察计数过程，特别应注意小灯泡（X1）亮、灭的规律。

1.3.2　3 位十进制计数器原理图的绘制

现在我们来加入"百"位。观察前面的仿真我们发现，图 1-18 中的那只小灯泡在 90 ~ 99 计数期间都是被点亮的，显然加入"百"位不能仅仅将"十"位的 r 输出简单接入"百"位 74LS160 的两个使能端，而是应该考虑在"个"位与"十"位的两个 r 输出均为高电平时，"百"位使能端才出现高电平，所以 3 位十进制计数器的原理图（见图 1-19）增加了两输入与门（74LS08D）。与门的输出特点为"全 1 才为 1"，即只有当计数至"99"，"个"位与"百"

位的两个 r 输出均为 1 时，"百"位使能端才得到"1"输入，从而实现进位。

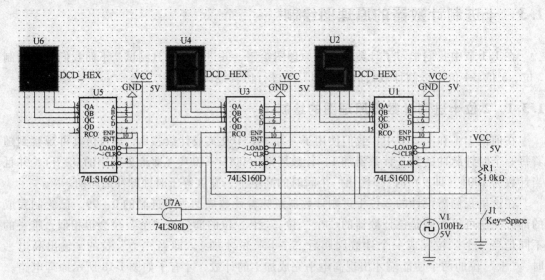

图 1-19　3 位十进制计数器电路

1.3.3　4 位十进制计数器原理图的绘制

根据 3 位计数器的设计思路，绘制 4 位十进制计数器电路，即加入第 4 只 74LS160D 集成计数芯片。其置位端（A、B、C、D、LOAD 端）、时钟端（CLK 端）、清零端（CLR 端）接线方式与"个"、"十"、"百"位一致，需注意的仍是使能端（ENP 和 ENT 端）的接线方式。当它们同时获得高电平，该位（即"千"位）计数器开始计数的条件应考虑当计数至"999"，即低 3 位 r 端均为"1"时，"千"位计数器使能端才获得"1"。从与门"全 1 才为 1"的输出特点入手，除加入第 4 只 74LS160D 集成计数芯片外，适当在电路中使用与门（74LS08D），即可最终完成 0 ~ 9999 计数设计。

知识扩展与提高

1. 对比分析十进制计数器的仿真波形。
2. 分析 74LS160D 集成计数芯片使能端的接线方式。

1.4　锁存器的设计与测试

锁存器是一种对脉冲电平敏感的存储单元电路，其输出端的状态不会随输入端的状态变化而变化，只有在锁存信号出现时，输入的状态才被保存到输出。通常只有 0 和 1 两个值。其核心元件为我们所熟悉的 D 触发器。

1.4.1　锁存器在频率计中所起的作用

在频率计的设计中使用锁存器，目的是当计数器计数时，锁存器应处于"保持"状态，即将计数器"前"一次输出的计数结果送显示电路输出；当计数器被清零时，锁存器应及时与该次计数器的计数结果保持一致。即当计数器完成 1s 的信号频率计数后将被清零时，锁存信号出现，将计数器结果保存至锁存器输出端。

1.4.2　D 触发器的仿真测试

1. 测试电路描述

图 1-20a 所示为 D 触发器仿真测试电路。电路中的 74LS273 为 8D 触发器集成电路，1D ~8D 分别为 8 只 D 触发器的输入端，1Q ~8Q 为各自的输出端，一一对应，互相独立。8 只 D 触发器共用"清零端"~CLR（"~"表示低电平清零）及"时钟控制端"CLK（这里用手动方式给出 CLK 信号）。图中的 J1 为单刀双掷开关（Group：Basic，Family：SWITCH，Component：SPDT）。

图中还使用了一台字信号发生器（Word Generator）XWG1，用于直接输出数字信号，模拟计数器计数。图 1-20b 所示为字信号发生器面板。

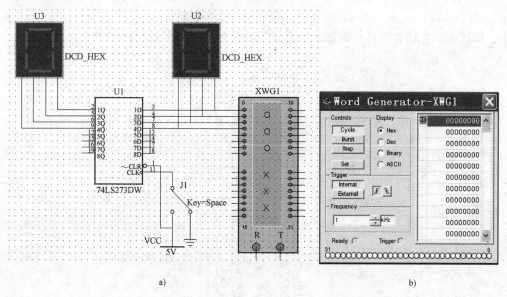

a)　　　　　　　　　　　b)

图 1-20　D 触发器仿真测试电路及字信号发生器面板

2. 设置方法

单击面板中的"Set…"按钮，打开如图 1-21a 所示"Settings"对话框，并点选"Pre-set Patterns"区中"Up Counter"前的单选按钮，单击"Accept"。

字信号发生器面板则如图 1-21b 所示进行设置。在"00000009"上单击鼠标右键，在弹出式快捷菜单中选择"Set Final Position"，并将频率设为 200Hz。

3. 开始仿真，观察结果

单击工具栏中的 ▣▣▣ 仿真按钮开始仿真，可观察到右边的字信号发生器面板随着仪器的工作开始由 0 ~9 依次变化。通过按动"space"空格键，改变 J1 的状态，观察 D 触发器的输出端 Q 在什么情况下会随着 D 输入端改变，在什么情况下不变。

1.4.3　16 位二进制数锁存器的绘制

上面测试是的 4 位二进制数通过 D 触发器的"锁存"驱动一位十进制数码显示，而在 4 位频率计中，需要对 16 位二进制数进行锁存，需要用两片 74LS273 构成锁存器，如图 1-22

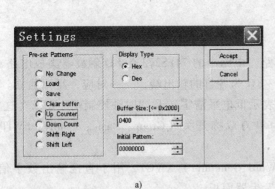
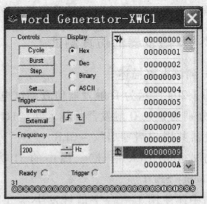

a)　　　　　　　　　　　　　　b)

图 1-21　字信号发生器的设置

所示。如何测试？请读者自行添加字信号发生器及数码显示器进行测试仿真。

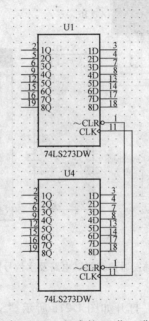

图 1-22　两片 74LS273 组成的 16 位二进制数锁存器

知识扩展与提高

1. 对比分析锁存器的仿真波形。
2. 分析 74LS273 集成计数芯片的接线方式。

1.5　子电路和输入输出端口的应用

1.5.1　应用子电路的目的

完成前面的工作任务后，我们发现，到目前为止至少使用了 6 片集成电路，如果把设计好的 4 位十进制计数器及锁存器连接起来再加入其他的电路部分，电路原理图将变得很庞大，连线很繁杂，当仿真不正确时，很难查找到错误点。如果我们能采用"子电路（sub）"的编辑方式，将具有特定功能的电路模块化，不仅可以简化电路图，使电路原理一目了然，而且还可以实现在原理图中多次调用，这将大大减轻设计人员的工作量，提高工作效率。

1.5.2 子电路的编辑方法

在已完成的由两片 74LS273 组成的锁存器原理图上放置端口，方法为：执行菜单命令"Place | Connectors | HB/SC Connector" 即可在图中放置如图 1-23a 所示电路端口，双击该端

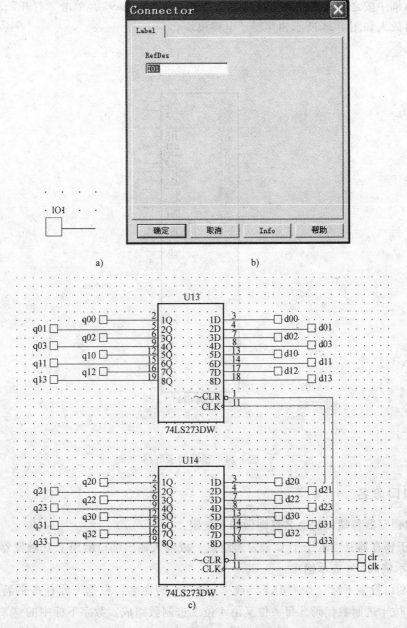

图 1-23 锁存器子电路的编辑

口图标，打开如图 1-23b 所示"Connector"对话框，可以对端口名称进行修改。在锁存器原理图中放置其他端口，编辑它们的名称，并连接导线，完成后如图 1-23c 所示。

1.5.3 子电路的调用

1）将图 1-23c 所示电路原理图文件存盘，文件名称设为"锁存器（sub）.ms9"，请记住保存路径。

2）新建电路原理图文件并存盘，文件名称设为"频率计.ms9"。

3）单击工具栏中的 ▫ 按钮或执行菜单命令"Place | Hierarchical Block From File…"，在弹出的对话框中按之前的保存路径找到"锁存器（sub）.ms9"，单击"打开"，在频率计原理图中即可放入如图 1-24 所示锁存器子电路模块。

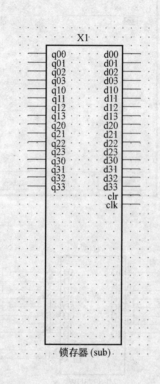

图 1-24　锁存器子电路

1.5.4 端口命名

我们对锁存器各端口的命名规则做如下规定：

1）由于锁存器是由若干个 D 触发器组成，故输入输出端口沿用了 D 触发器的端口命名习惯：d 表示输入，q 表示输出。

2）各端口数字下标（如"dXY"或"qXY"）的命名：根据工作任务的特点，锁存器用于存储 4 位十进制数代码，每一位又由 4 位二进制数组成。数字下标中的"X"用于表示十进制数的千、百、十、个位，由高到低用阿拉伯数字 3 ~ 0 表示；数字下标中的"Y"用于表示组成某位（如"个"位）的二进制数的位数，依然从高到低用阿拉伯数字 3 ~ 0 表示。

例如：需要存储的个位为 6，则二进制数为 0110，就有 d03 = 0、d02 = 1、d01 = 1、d00 = 0。

依据个人的习惯，英文字母 d、q 也可以改为大写，而用于表示位数高低的 0 ~ 3 可以改用小写字母 a、b、c、d 表示。总之，为了使用户自行制作的子电路更具通用性，在为子电路端口命名时应保证一定的规律，符合读图习惯，才能更好地体现应用子电路的方便与快捷。

3）"清零"端用"clear"或"clr"；"时钟"端用"cp"、"clock"或"clk"。

1.5.5　4 位十进制计数器子电路的绘制

试将 4 位十进制计数器原理图模块化，编辑为子电路，由于数码显示器、"清零端"及"时钟控制端"要在频率计测试时观察、操作或进行参数修改，所以仅对如图 1-25 所示 4 位十进制计数器原理图进行模块化处理（其中已存在"en"端口）。参照图 1-19 中时钟端、清零端的接入位置，加输入端口并连接导线，分别命名为"clk"和"clr"。在原理图中放置 16 只输出端口，分别接至每一位计数器的 QD、QC、QB 及 QA 端，并按规则命名。完成操作后即可得到 4 位十进制计数器子电路。

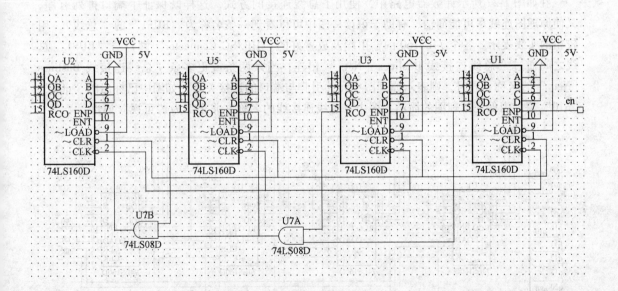

图 1-25　4 位十进制计数器原理图

知识扩展与提高

在制作"4 位十进制计数器"子电路时应注意端口命名的规则，当制作完成如图 1-26 所示子电路符号时，能否根据端口名称的特点大致勾勒出计数器的原理图？

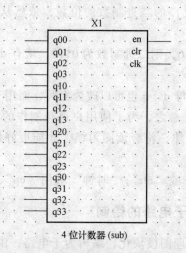

4 位计数器 (sub)

图 1-26　4 位十进制计数器子电路

1.6　在编辑原理电路中使用总线

1.6.1　在原理图中放置总线

在如图 1-27 所示计数器电路中，使用了总线连接的方式，这样既保证了端口排列有序，又使原理图连线尽可能简洁，有助于识读。图中可以看到一条名称为"BUS1"的"总线"，用较粗的实线表示。各个 74LS160 的输出端及放置好的"HB/SC Connector"端口与"BUS1"总线之间通过"总线连接线 Buslines［Net］"相连，当某两条或更多条"总线连接线 Buslines［Net］"的名称相同时，则表示原理图中元件引脚与端口的连接关系，如图中已标出的"q00"、"q10"等。为保证原理图的简洁，图中各总线连接线的名称并非全部为"可视"属性。

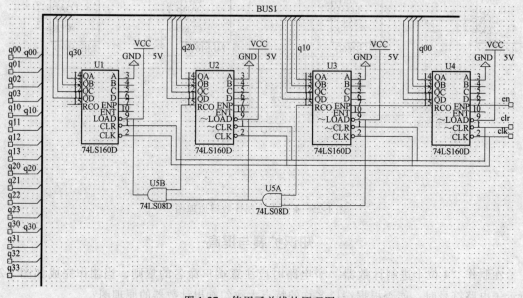

图 1-27　使用了总线的原理图

单击工具栏中的 ∫ 按钮或执行菜单命令 "Place | Bus" 在已绘制好的原理图中放置总线，总线可以根据用户需要任意放置、拐角，单击鼠标右键结束放置。

1.6.2 总线属性设置

1. 修改总线名称

双击放置完成的总线，在弹出如图 1-28a 所示 "Bus Properties" 对话框中可以修改总线的名称。

2. 添加 "Buslines [Net]"

在 "Bus Properties" 对话框中单击 "Add" 按钮，在弹出的对话框中按如图 1-28b 所示设置，单击 "OK" 返回，即可在 "Bus Properties" 对话框的 "Buslines（Net）" 区中看到新加入的 busline，即 net。

依照前面的操作，加入所有的 busline（Net），共 16 个，完成后如图 1-28c 所示。

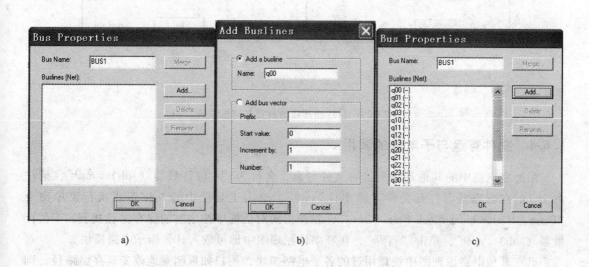

图 1-28　总线的属性设置

1.6.3 添加总线连接线

1. 添加总线连接线

用与连接导线相同的方法，从芯片引脚或 "HB/SC Connector" 端口向 "BUS1" 总线连线，当释放鼠标时，会出现如图 1-29a 所示 "Bus Entry Connection" 对话框，在对话框的 "Available Buslines" 区中选中一个已存在的有效 busline（Net），单击 "OK" 即可。完成所有总线连接线的放置，一共 32 条。

2. 总线连接线显示属性设置

对于 "总线连接线" 名称的显示属性，可以在如图 1-29a 所示对话框中勾选 "Show label" 前面的复选框，也可在编辑完成后，双击某总线连接线，在弹出的 "Net" 对话框中，勾选 "When using net specific hide/show setting" 区中 "Show" 前面的复选框，如图 1-29b 所示。但两种设置方法所得到的显示效果略有不同。

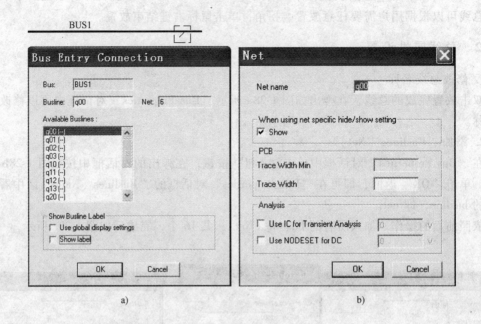

图 1-29　总线连接线的放置与属性编辑

1.6.4　文件存盘与子电路的调用

添加完电路中的其他端口后，将文件存盘，名称为"4 位计数器（sub）. ms9"，请注意文件的存盘路径。打开文件"频率计. ms9"，单击工具栏中的 ⬚ 按钮或执行菜单命令"Place | Hierarchical Block From File…"，在弹出的对话框中按之前的保存路径找到"4 位计数器（sub）. ms9"，单击"打开"，在频率计原理图中即可放入计数器子电路模块。

已在其他电路原理图中被调用过的各子电路模块，用户如果随意地改变其存储路径，则在总原理图（如"频率计. ms9"）中会出现错误。所以对于一个工作项目，用户要在编辑原理图前考虑好该项目中各原理图文件的存储路径。一般情况下，为了便于对文件的管理，将所有与某项目有关的文件存储于同一个用户文件夹即可。

1.6.5　导线连接的方法

在绝大多数电子自动化设计应用软件中，"Net"是较常见到的文字标识，中文的字面意思是"网络"。而在我们所学习的软件中，"Net"可简单地理解为"导线连接"，也就是说，当两条从原理图中看上去并没有连接在一起的导线，如果它们的"Net"名称相

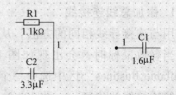

图 1-30　"Net"的最简单的应用

同，则被认为是连接的。这样使绘制原理图的过程变得简单。如两个应该有导线连接的元件，在原理图中位置可能相隔很远，显然画一条长长的导线很麻烦，易出错又不美观，采用如图 1-30 所示的方式进行连接则较为简单。

知识扩展与提高

1. 总结分析应用子电路的方法与益处。
2. 分析总线的接线方式。

1.7　分频器电路的编辑与测试

1.7.1　使用分频器的目的

在频率计设计中，我们需要一个正半周能够维持 1s 的脉冲信号，如果占空比为 50%，则该脉冲信号的周期为 2s，频率为 0.5Hz。而现有的信号发生器输出的脉冲信号频率最低为 1Hz，故需要设计电路将 1Hz 脉冲方波进行 1/2 分频，得到所需的脉冲控制信号。这个信号将作为计数器的"使能（en）"信号，当出现正半周时，控制其计数；当出现负半周时，将计数结果送锁存器，计数器自身则被清零。

1.7.2　绘制分频器原理图

在"频率计.ms9"中绘制分频器原理图如图 1-31 所示，其核心元件仍然为 D 触发器。图中的示波器用于对分频器电路进行测试。

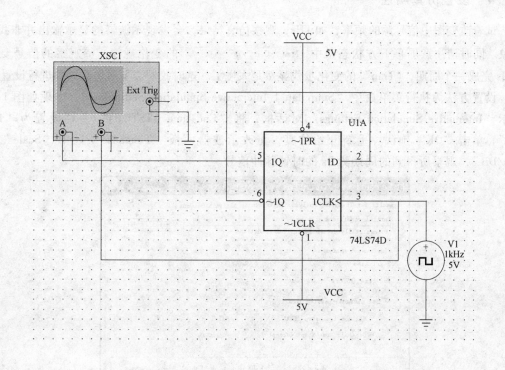

图 1-31　分频器原理图

1.7.3　分频器电路的仿真测试

单击工具栏中的 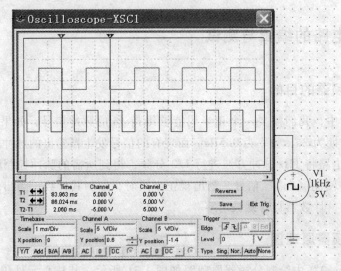 仿真按钮开始仿真，双击示波器电路符号，其面板按如图 1-32 所示设置，观察信号波形，理解 "1/2 分频" 的含义。

图 1-32　分频器仿真测试波形

1.7.4　设置仿真属性

试着改变图中信号源的频率，如 1Hz，观察仿真结果，会发现示波器的显示输出并非我们想象。同时请注意屏幕下方状态条中 `Tran: 0.155 s` 的变化规律，待观察的信号要 1s 或 2s 完成一个周期，"Tran" 的变化步伐显然是太慢了。这时我们需要对仿真属性进行设置。

设置方法为执行菜单命令 "Simpulate | Interactive Simulation Settings…"，出现如图 1-33 所示 "Interactive Simulation Settings" 对话框，将 "End time（TSTOP）" 一栏设置为 "100 Sec"，单击 "OK" 确认。重新开始仿真，更改示波器面板 "Timebase" 区中 "Scale" 为 "1s/Div"，观察所得到的周期为 2s 的时钟脉冲信号。

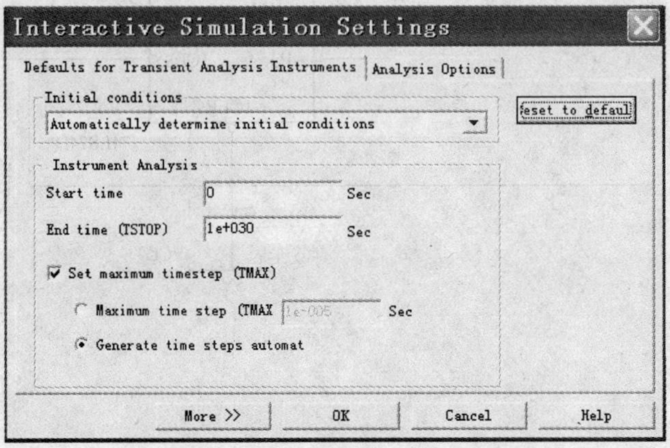

图 1-33　"Interactive Simulation Settings" 对话框

知识扩展与提高

1. 前面提到计数器只有在 0.5Hz 信号的正半周出现时才计数，负半周到来时计数器则被清零，如果不清零将会如何？试简单分析。

2. 思考为什么要在信号频率的计数过程中先获得一个正半周（即高电平）能够维持 1s 的脉冲信号？

1.8　频率计的整合与仿真测试

1.8.1　元件放置

文件中已存在"锁存器"及"4 位计数器"子电路及分频器电路，按图 1-34 所示放置其他元件。

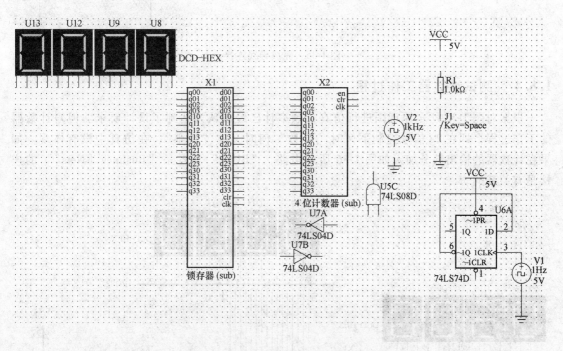

图 1-34　在原理图中放置其他元件

1.8.2　导线连接

按如图 1-35 所示连接导线，并适当使用总线技术。

1.8.3　仿真测试

单击工具栏中的 ▣▣▣▣ 仿真按钮开始仿真，注意屏幕下方状态条中 `Tran: 0.155 s` 的变化，当仿真完成 1s 后，显示器将显示被测信号频率。

改变被测信号（原理图中为 V2）的频率，再次仿真，观察仿真结果。

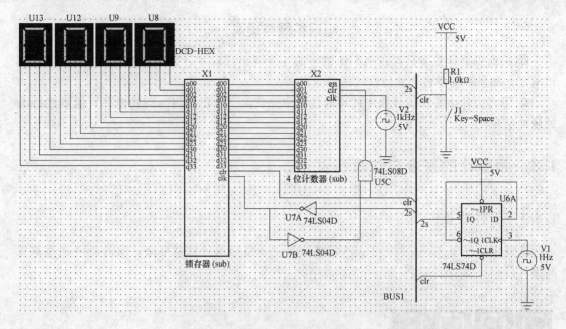

图 1-35　完成导线连接

1.8.4　测试计数器工作过程

　　根据对图 1-35 所示原理图进行仿真，频率计已经被认为达到了设计要求。但对计数器的工作过程，即在 2s 信号控制下何时"计数"何时又被"清零"，在仿真中没有体现。如果在计数器的输出部分加入如图 1-36 所示电路，"BUS2"上各条"Buslines［Nets］"的连接是有关系的。

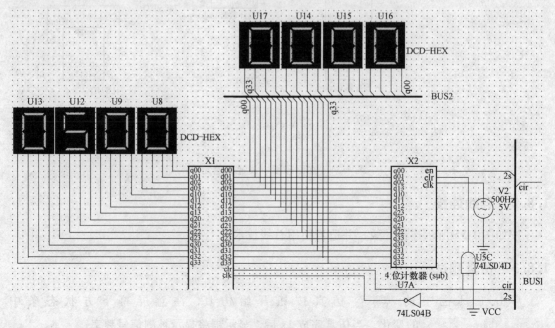

图 1-36　计数器工作过程测试

单击工具栏中的 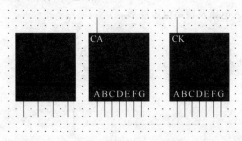 仿真按钮开始仿真，注意计数器的"计数"→"清零"→"计数"→……周而复始的工作过程。值得注意的是，"仿真"毕竟是真实情形的模仿，仿真所经历的时间（如 1s）显然要比我们想象的长。

假设当 2s 信号出现在负半周时，计数器不清零，结果将会怎样？修改电路，使其为故障电路，仿真并观察结果。

知识扩展与提高

在本次仿真测试的任务中，我们又使用了 4 输入端的数码显示模块，它们都是虚拟的器件，而在实际电路中应该使用的是七段数码显示器。比较如图 1-37 所示两个器件的区别。查阅资料熟悉七段数码显示器的使用方法与使用要求，图中"CA"及"CK"的含义是什么？点亮七段数码显示器应该用什么电路？

图 1-37　数码显示器

习　　题

1.1　建立一个如图 1-38 所示放大电路，并对电路进行描述。

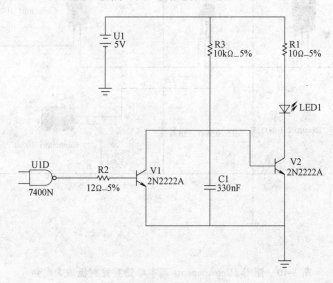

图 1-38　放大电路

1.2　试创建如图 1-39 所示的桥式全波整流电容滤波电路。用示波器观察输入电压 U1 及输出电压（负载 R1 两端电压）波形，当无电容滤波时输出电压将会怎样？改变 R1 的阻值，其输出电压将会发生怎样的变化？适当改变电路的参数，并观察输出电压波形。

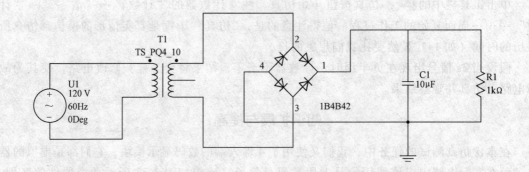

图 1-39　桥式全波整流电容滤波电路

1.3　试创建如图 1-40 所示电路，创建过程中使用 3Dcomponents 工具栏，该电路仍为基本单管共发射极放大电路，用示波器观察输入电压及输出电压波形。

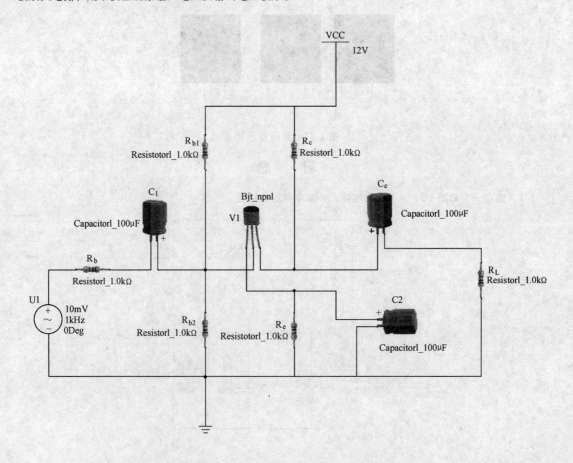

图 1-40　使用 3Dcomponents 基本单管共发射极放大电路

1.4　微分电路如图 1-41a 所示，函数发生器的参数设置面板如图 1-41 b 所示，用示波器观察输入电压及输出电压（即电阻两端电压）波形。

1.5　积分电路如图 1-42 所示，函数发生器的参数设置同 1.4 题，用示波器观察输入电压及输出电压（即电容两端电压）波形。

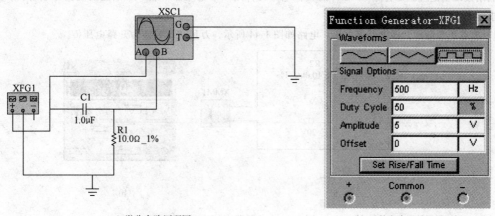

a) 微分电路原理图　　　　　　　　　　b) 函数发生器的设置面板

图 1-41　微分电路

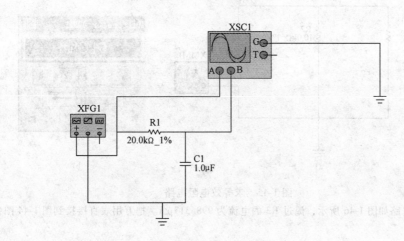

图 1-42　积分电路

1.6　利用戴维南定理求流过电阻的电流，电路如图 1-43 所示，通过仿真软件并利用戴维南定理求流过电阻 R3 的电流，从而熟练在仿真软件中使用万用表。

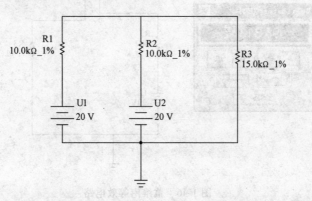

图 1-43　利用戴维南定理求流过电阻的电流

利用戴维南定理就是将除 R3 以外的其他电路元件用一个电压源串联一个电阻的支路等效替代，关键在于求解电压源的大小和电阻的阻值。

1）求电压源电压，即求开路电压。电路如图 1-44 所示，万用表示数即为开路电压 U。

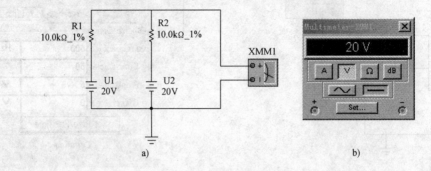

图 1-44　求开路电压电路

2）求等效电阻。将各个电源置 0，即电压源短路，电流源开路，电路如图 1-45 所示，万用表示数即为等效电阻 R。

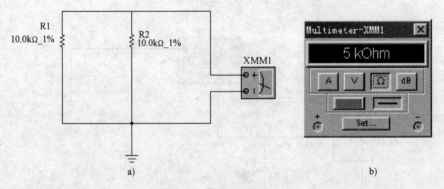

图 1-45　求等效电阻电路

3）求得等效电路如图 1-46 所示，流过 R3 的电流为 998.313μA。把万用表直接接到图 1-44 图中，结果一样吗？

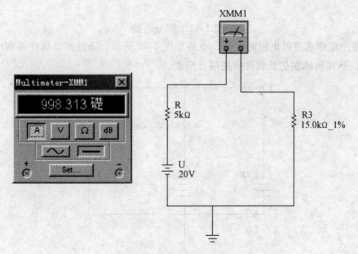

图 1-46　戴维南等效电路

注：本题中测电流与电压时，万用表可用电流表和电压表代替，换上试试看。

1.7　图 1-47 所示为 74LS160 计数器测试电路，观察仿真效果，理解该集成电路是如何计数的。

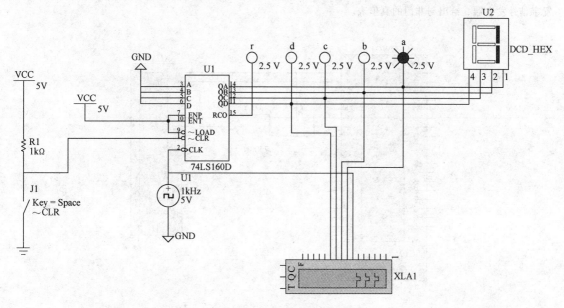

图 1-47　计数器测试电路

1.8　用逻辑分析仪 "Logic Analyzer" 观察字信号发生器 "Word Generator" 的输出信号，电路如图 1-48 所示。字信号发生器设置为 "Up Counter"，控制方式设为 "Cycle"，频率为 500 Hz，将 "00000006" 设为 "Initial Position"，将 "0000001F" 设为 "Final Position"，观察仿真结果；改变 "Initial Position" 及 "Final Position" 的值，观察仿真结果。

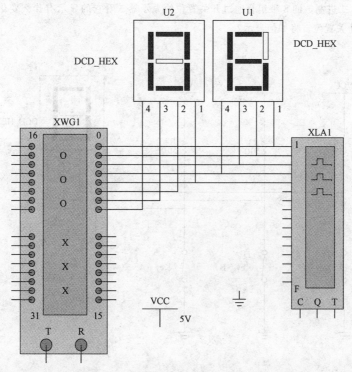

图 1-48　用逻辑分析仪观察字信号发生器

1.9　用字信号发生器和逻辑分析仪测试两输入与非门的电路如图 1-49 所示。创建电路图，并正确设置字信号发生器，给出与非门的真值表。

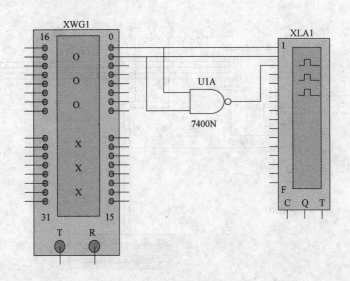

图 1-49　测试两输入与非门电路

1.10　试创建如图 1-50 所示电路。

1）它与十进制数是什么关系？这个电路可以帮你很直观地了解它们。在图 1-50 中，开关 J 闭合时，为显示器 U1 相应的输入端置 0，开关 J 打开时，为相应输入端置 1。

2）我们把 3 位二进制数的 8 种组合通过开关置位给显示器，看它的显示有什么变化。如果 U1 的引脚 4 不接地，也通过开关置位，将如何显示？

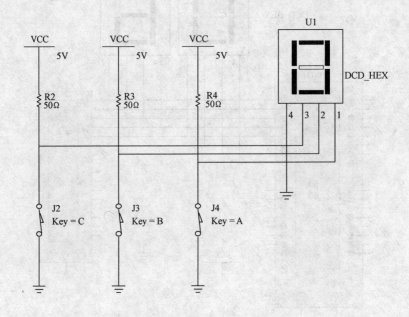

图 1-50　3 位二进制数显示电路

1.11　试创建如图 1-51 所示电路，该电路为半加器电路，用于二进制数的最低位相加，开关 J1、J2 用于置 0 或置 1，X1、X2 为两灯泡，输出为高电平时，灯亮，反之灯灭。

1）通过置位观察 X1、X2 变化，理解 SUM（和）、CARRY（进位）的含义。

2）将 U1 换成 FULL_ ADDER（全加器），想想如何改动电路，观察"和"与"进位"的变化。

3）你能画出两个 3 位二进制数相加并输出结果的电路吗？

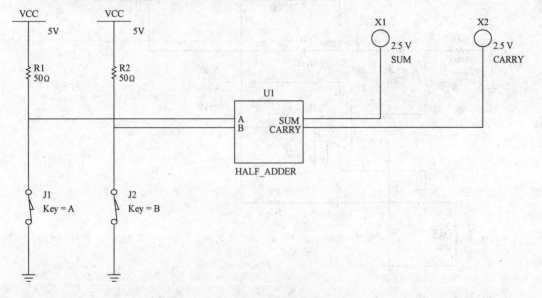

图 1-51　半加器电路

1.12　试创建如图 1-52 所示电路，该电路中 74LS139 为 2 线-4 线译码器。

1）通过开关置位，观察输出的变化，理解"译码"的含义，认识什么是"低电平有效"。

2）74LS138 为 3 线-8 线译码器，到元件库中找到它接个电路观察它是如何工作的。

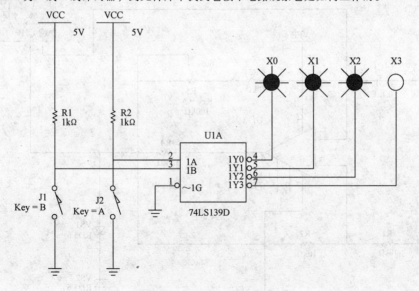

图 1-52　2 线-4 线译码器

1.13　图 1-53、图 1-54、图 1-55、图 1-56、图 1-57、图 1-58 分别为不同的波形产生电路。

1）取元件画出电路图并观察波形。

2）调节 R4 大小，观察占空比调整的情况。

3）改变开关 S1 的状态，观察音频信号频率的变化。

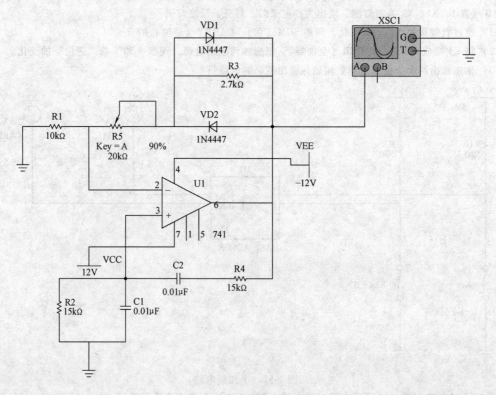

图 1-53　RC 正弦波振荡电路

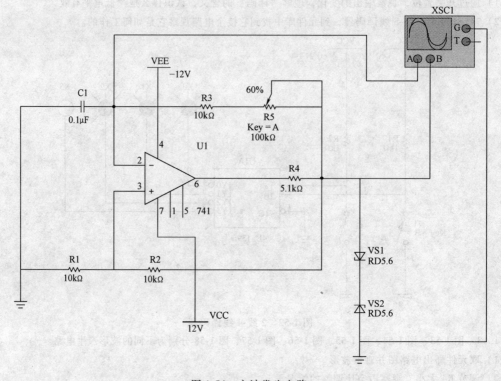

图 1-54　方波发生电路

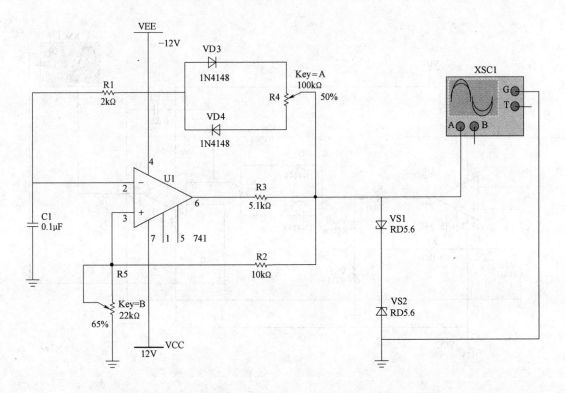

图 1-55　占空比可调的方波发生电路

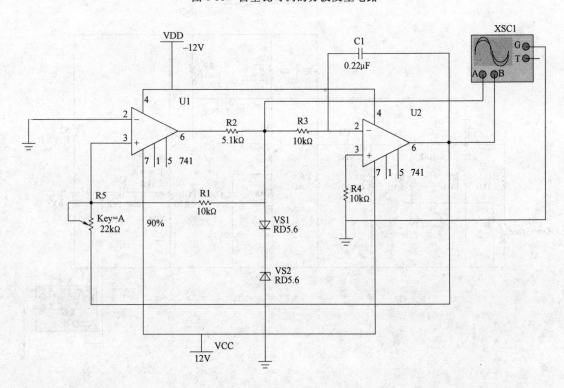

图 1-56　三角波发生电路

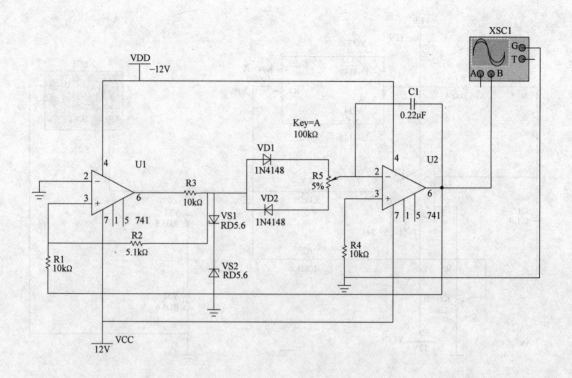

图 1-57　锯齿波发生电路

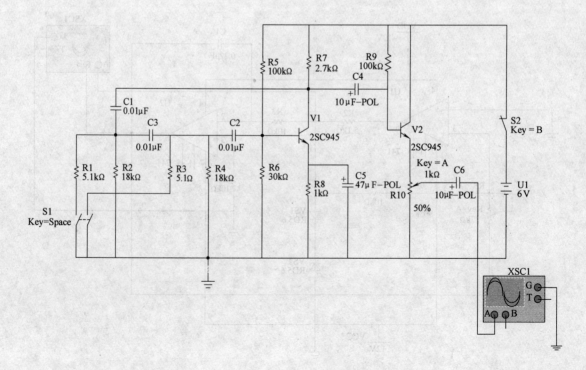

图 1-58　音频信号发生器

1.14　图 1-59、图 1-60、图 1-61 为由运算放大器构成的运算电路，适当改变输入量的大小，理解电路是怎样完成运算的。

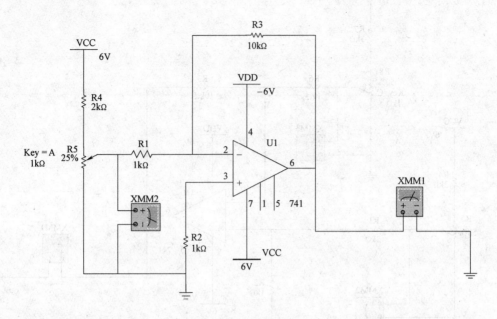

图 1-59　反相比例运算电路

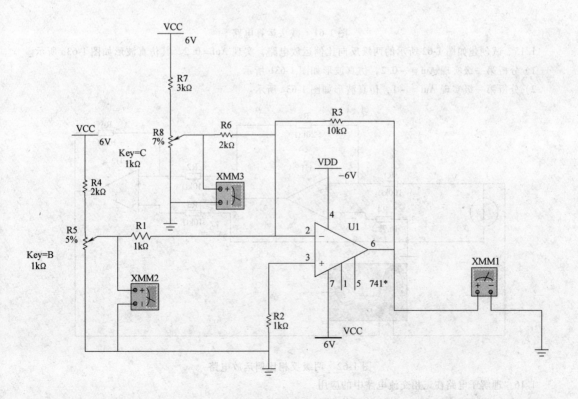

图 1-60　加法运算电路

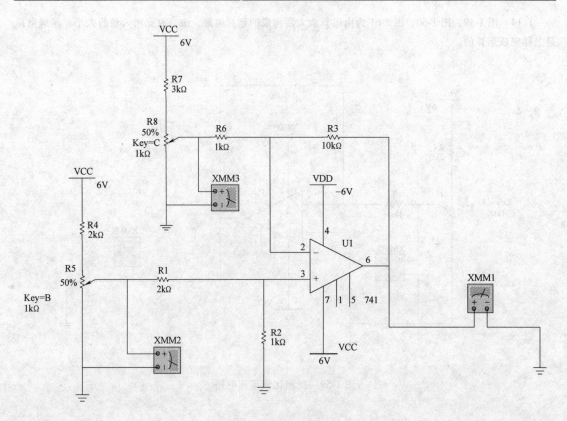

图 1-61　减法运算电路

1.15　试创建如图 1-62 所示的两级反向比例运放电路，实现 Auf = 0.2。其仿真波形如图 1-63a 所示。

1) 分析第一级实现 Auf = -0.2，仿真波形如图 1-63b 所示。

2) 分析第一级实现 Auf = -1，仿真波形如图 1-63c 所示。

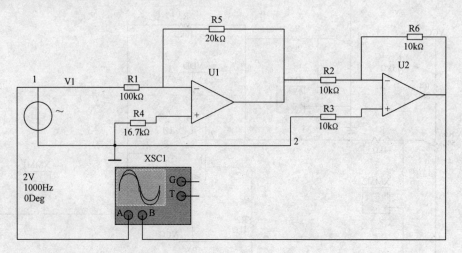

图 1-62　两级反相比例运放电路

1.16　理解子电路在三相交流电路中的应用。

1) 建立三相电源子电路。Multisim 元件库中没有三相电源，需要用 3 个相同电压、不同相位的交流电压源组合成 Y 形连接来实现。按照 Multisim 的操作步骤建立如图 1-64 所示的子电路。

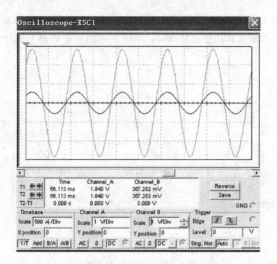

a) 两级反相比例运放电路仿真波形

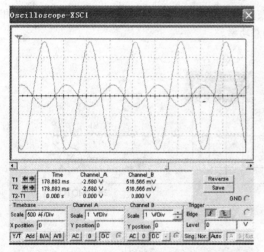

b) 第一级仿真波形

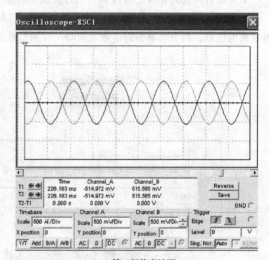

c) 第二级仿真波形

图 1-63　两级反相比例运放电路仿真波形

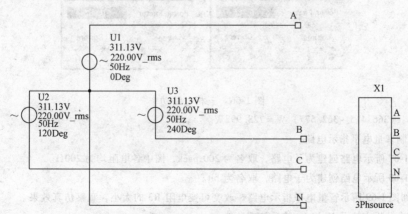

图 1-64　三相电源子电路

2）确定三相电源相序。在三相电路的实际应用中，有时需要能正确判别三相电源的相序。如图 1-65 所示的三相电源，假设原先不知道其相序，Multisim 环境下可用一个电容与两个灯泡组成的测试电路进行测定。

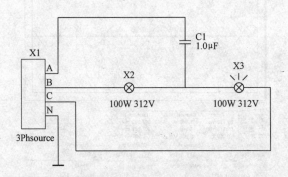

图 1-65　三相电源相序

如果电容所接的相称之为 A 相，则灯光较亮的是 B 相，较暗的是 C 相。相序是 A 、B 和 C 。

3）测量三相电路功率。测量三相电路的功率可以使用两只功率表，其接法如图 1-66 所示。选取三相电动机为负载，两个功率表的读数之和等于三相负载的总功率。

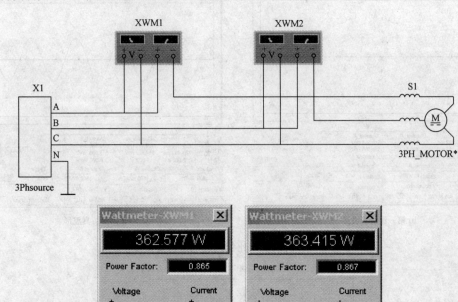

图 1-66　三相电路功率

总功率为：（366. 415 + 362. 577）W = 728. 992W 。

1.17　绘制音量电平指示电路。

1）将图 1-67 所示电路创建为子电路，取名为 200rpack，图中各电阻均为 200Ω。

2）将图 1-68 所示电路创建为子电路，取名为 bit。

3）绘制如图 1-69 所示音量电平指示电路，改变可变电阻 R3 的大小，观察仿真效果。

1.18　基本分析方法及 Multisim 的后处理功能。

1）对图 1-17 基本单管共发射极放大电路作静态分析，得到如图 1-70 所示静态分析结果。

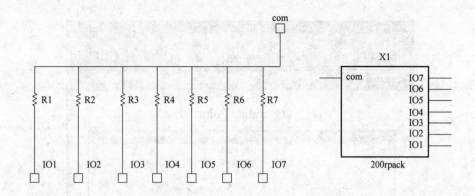

图 1-67　子电路 200rpack 及其逻辑符号

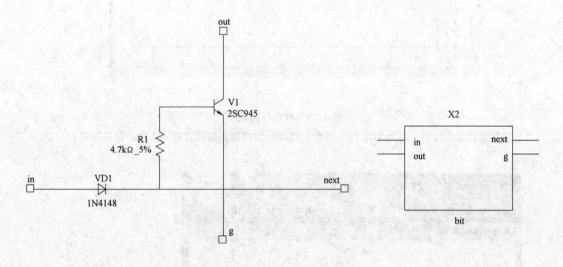

图 1-68　子电路 bit 及其逻辑符号

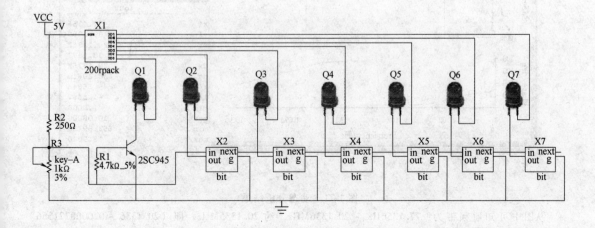

图 1-69　音量电平指示电路

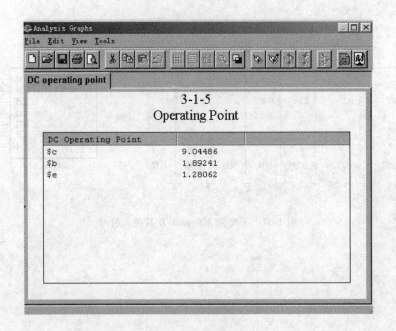

图 1-70　静态分析结果

2）对其进行动态分析，得到如图 1-71 所示电路的幅频特性和相频特性，大致计算通频带。

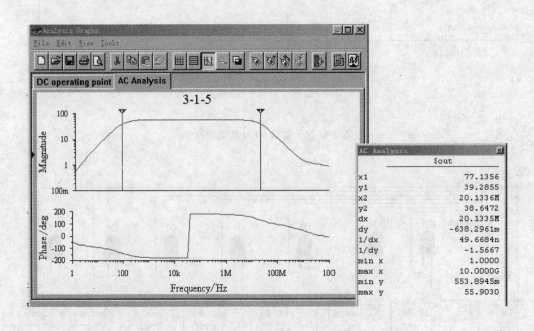

图 1-71　动态分析结果

从图中可知通频带为：77.1356Hz ～ 20.1336MHz，约 20.1335MHz，即（20.1336 − 0.0000771356）MHz，得到通频带宽大约为 20.1335MHz。

3）进行瞬态分析得到如图 1-72 所示的分析结果。

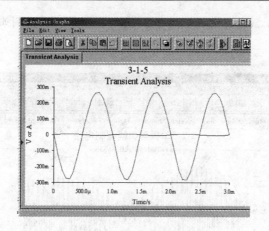

图 1-72　瞬态分析结果

图中幅值大的正弦信号为输出电压波形，输入信号由于幅值低几乎看不出是正弦波。

4）进行适当的后处理，将输入信号放大 10 倍，得到如图 1-73 的后处理结果，可以看出幅值小的仍为输入信号，并且两者相位相反。

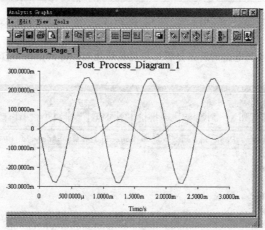

图 1-73　后处理结果

1.19　试创建如图 1-74 所示二极管振幅调制电路，LC 谐振网络两端电压为调幅波输出。

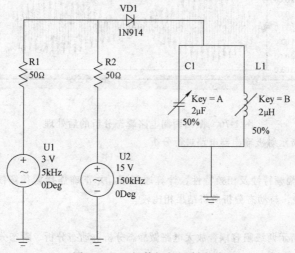

图 1-74　二极管振幅调制电路

1）在图中连接示波器，观察输入 U1、U2 及输出电压波形。你可以得到如图 1-75 所示瞬态仿真分析结果吗？

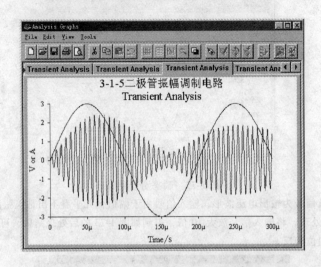

图 1-75　二极管振幅调制电路的瞬态分析结果

2）对图 1-75 所示振幅调制电路的瞬态分析结果进行后处理，得到如图 1-76 所示后处理图形。

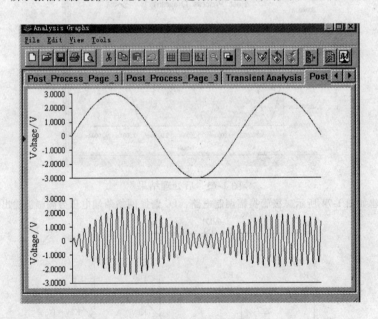

图 1-76　振幅调制电路瞬态分析的后处理

1.20　对如图 1-77 所示射极输出器电路进行分析。

1）静态分析。

2）动态分析，得到幅频特性及相频特性，计算通频带，并正确连接博德图图示仪，如图 1-77 所示，获得放大电路的特性曲线，与动态分析所得结果相比较。

3）瞬态分析。

1.21　对如图 1-78 所示两级阻容耦合放大电路做静态分析、动态分析、瞬态分析。

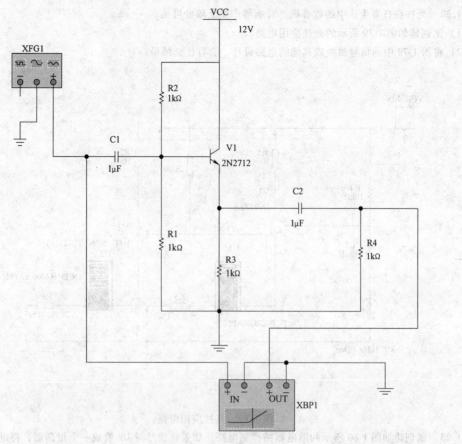

图 1-77　射极输出器

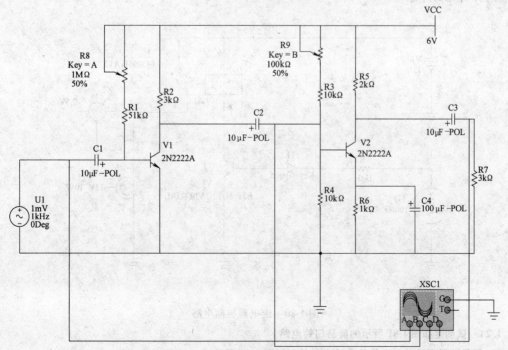

图 1-78　两级阻容耦合放大电路

1.22　光柱在日常生活中的收音机、音响等产品上随处可见。

1）试创建如图 1-79 所示的光柱应用电路。

2）将图 1-79 中的信号源换成其他的电路设计，会有什么结果？

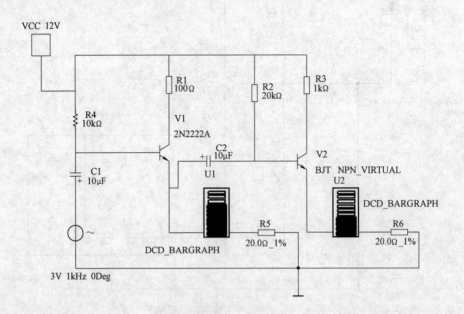

图 1-79　光柱应用电路

1.23　试创建如图 1-80 所示的继电器的控制电路。如果将信号源 U2 换成一个振荡器，将继电器 K1 控制冲压机，结果如何呢？

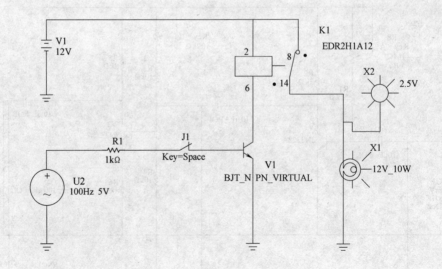

图 1-80　继电器控制电路

1.24　试创建如图 1-81 所示的简易门铃电路。

1）用示波器观察其触发信号和输出信号，如图 1-82 所示。

2）用示波器观察其蜂鸣器的输入信号，如图 1-83 所示。

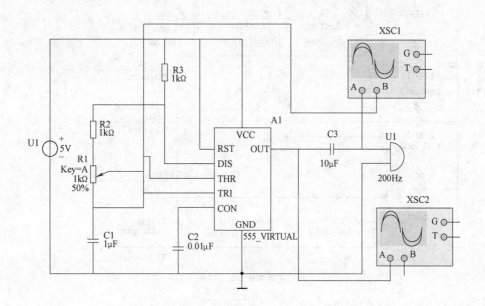

图 1-81　简易门铃电路

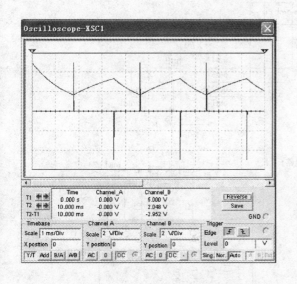

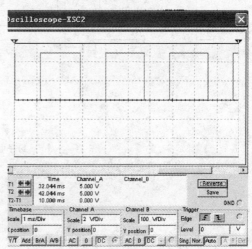

图 1-82　触发信号和输出信号　　　　　　　　　　图 1-83　蜂鸣器输入信号

1.25　创建如图 1-84 所示的十字路口交通指示灯，红灯禁止通行，黄灯为过渡灯，绿灯通行。运行仿真后，指示灯的循环顺序为红灯→黄灯→绿灯→黄灯→红灯。

1）原理图 1-84a 中的 jtdl 为一个打包后的子电路，内部电路如图 1-84b 子电路 1 所示。

2）图 1-84b 子电路 1 中的 jsb 和 jc 又是两个子电路，其内部电路如图 1-84c 子电路 2 和图 1-83d 子电路 3 所示。

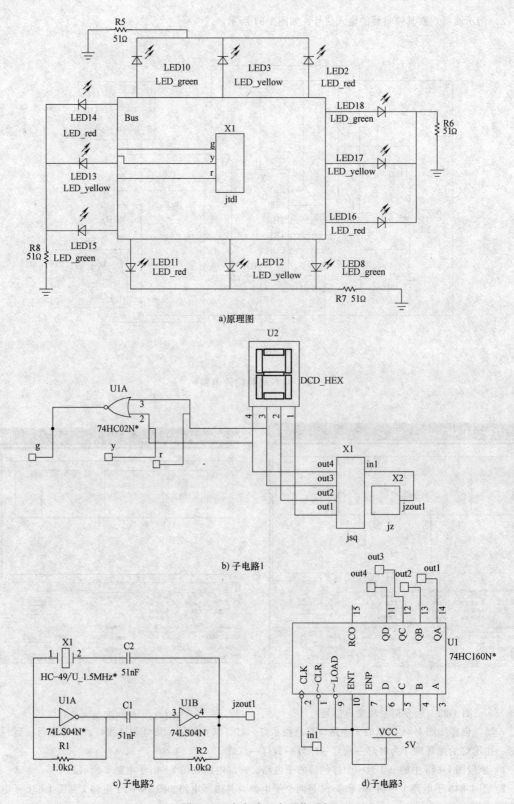

a)原理图

b) 子电路1

c) 子电路2

d)子电路3

图 1-84　十字路口交通指示灯

第 2 章 应用 Protel 99SE 软件绘制 4 位频率计电路图

在 Multisim 学习中，我们以设计 4 位频率计的完整过程为例，完成对其电路的"软件实验"，结果表明：原理电路设计正确，具有预期的功能。下面我们将应用 Protel 99SE 软件绘制 4 位频率计的印制电路图，这在电子设计自动化中是很重要的步骤，它是制作印制电路板、焊装电子元器件、装配整机及测试、实现设计理念的重要过程。

Protel 公司的 Protel 99SE 电路设计软件具有快捷实用的操作界面和良好的开放性，同时还具有功能强大的 EDA 综合设计环境，应用 Protel 软件进行计算机辅助设计的方法已完全取代传统的印制电路板手工设计技术，应用十分广泛。

在接触了 Multisim 软件后，我们知道，要完成在软件中对电路的测试都是从绘制原理图开始的，Protel 99SE 也同样要从原理图开始，最终得到 PCB 图。为什么我们不直接绘制 PCB 图呢？如果同学们手上拿到一块 PCB 成品就可以发现，其图形结构与我们熟悉的电路原理图大相径庭，不具有可读性，很难发现 PCB 图上的错误。

使用 Protel 软件完成电路板图制作的步骤是：

1）绘制原理图；

2）列出元件清单，它是联系原理图与 PCB 图的纽带；

3）PCB 图设计，完成自动布线。

2.1 Protel 99SE 入门

在 Multisim 的学习中我们没有绘制电源电路，因为电源已由软件为用户提供，而真正制

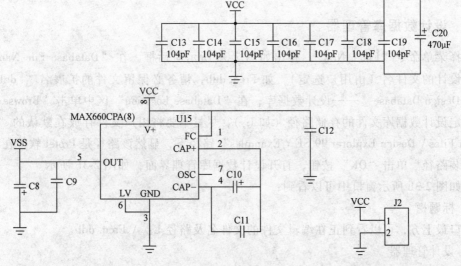

图 2-1 电源电路

作成品设备时，电源电路是必须的。下面我们要在 Protel 软件中绘制如图 2-1 所示电源电路。电源电路主要是两部分：一部分是由若干电容（C13 等）组成的滤波电路；另一部分是以 U15 为核心的电压转换电路，将正电源 VCC 转换为负电源 VSS，为需要双电源供电的电路芯片供电。

2.1.1　认识 Protel 99SE

Protel 99SE 启动界面如图 2-2 所示。

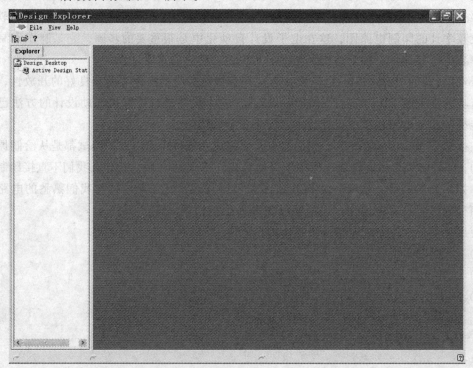

图 2-2　Protel 99SE 启动界面

2.1.2　设计数据库管理器

选择菜单命令"File | New"，弹出如图 2-3a 所示对话框。在"Database File Name"栏中填入设计的文件名（由用户选定），如 Freq. ddb，请务必保留文件的扩展名". ddb"，其意为"Design Database"——设计数据库；在"Database Location"区中单击"Browse…"按钮，确定设计数据库文件的存储路径（如 L:），尽量不要将用户文件存放在默认的"C：\ Program Files \ Design Explorer 99 SE \ Examples"路径下，显然该路径是 Protel 软件在计算机中的安装路径。单击"OK"按钮，打开设计数据库管理界面，如图 2-3b 所示。

在如图 2-3b 所示窗口中可以看到：

1. 标题栏

窗口最上方，可以看到正在编辑文件的文件名及路径 L：\ Freq. ddb。

2. 设计管理器

屏幕左边，只有"Explorer"选项卡，列出正在编辑的设计数据库文件名为 Freq. ddb。

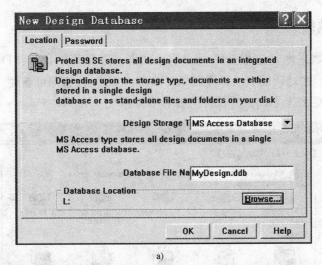

a)

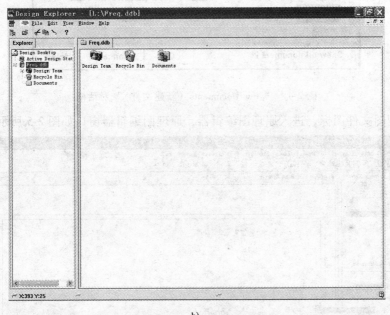

b)

图 2-3　新建"设计数据库"文件

在 Protel 99SE 中所有文件与文件夹均由设计数据库文件".ddb"统一管理,其中文件夹与文件的包含或被包含关系在设计管理器的 Explorer 选项卡中通过树形结构展示,这与 Windows 的资源管理器类似。

3. 编辑区(工作区)

屏幕右侧的大片区域(此时仅有 Freq.ddb 设计数据库选项卡),以图标的形式列出由该设计数据库文件管理的文件夹或文件,可以看到的"Recycle Bin"即回收站图标;Documents 为文件夹图标,暂时还看不到任何文件。

2.1.3　原理图编辑

新建一个设计数据库（这里是 Freq. ddb）文件，选择菜单命令"File | New"，出现如图 2-4 所示对话框。在对话框中选择圆图标，单击"OK"按钮即可新建一个原理图（. sch）文件，将文件主名更名为 Freq，并保持扩展名不变。

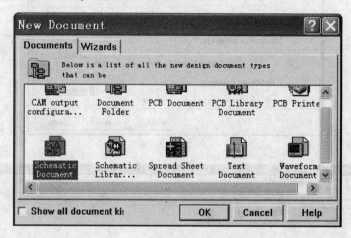

图 2-4　"New Documents（新建文件）"对话框

双击原理图文件图标，进入原理图编辑器，原理图编辑器窗口如图 2-5 所示。

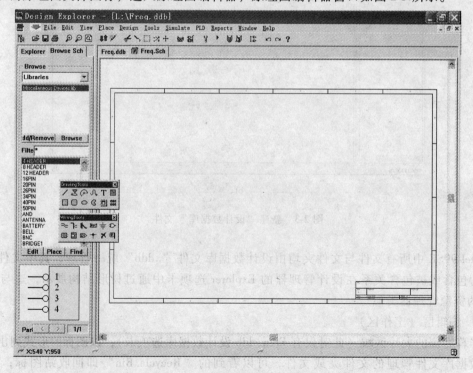

图 2-5　Protel 99SE 原理图编辑器窗口

从图 2-5 中可以看到，设计管理器发生了变化，增加了"Browse Sch"选项卡；编辑区也发生变化了，此时为原理图文件（在最前面的选项卡为"Freq. Sch"）编辑界面。

2.1.4　设计环境设置

编辑原理图之前，应该对其设计环境进行设置，包括图纸、栅格、标题栏、图形编辑环境和元件库设置等，通过菜单命令"Design | Options"完成设置（菜单命令"Tool | Preference"的操作请参阅有关资料）。

设置图纸、栅格和标题栏：选择菜单命令"Design | Option"出现如图 2-6 所示的对话框。

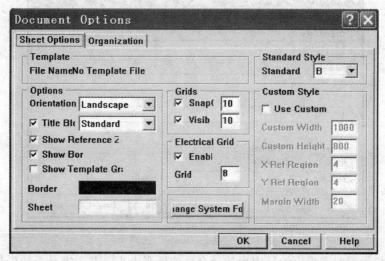

图 2-6　"Document Options | Sheet Options"选项卡

"Sheet Options"选项卡中有以下内容：

（1）图纸走向（Orientation）　　Landscape 为水平走向，Portrait 为垂直走向。

（2）图纸颜色　　"Border Color"为图纸边框颜色，"Sheet Color"为图纸颜色。

（3）图纸尺寸　　"Standard Style"为国际认可的标准图纸，有 18 种可供选择。"Custom Style"区用于由用户自定义图纸（要勾选"Use Custom Style"复选框），需要用户设置图纸的尺寸、边框分度和边框宽度，"Custom Width"表示宽度，"Custom Height"表示高度，"X ref Region"表示水平分度，"Y ref Region"表示垂直分度，"Margin Width"表示边框宽度。

Protel 99SE 中使用的长度单位是英制单位，它与公制单位之间的关系为

1 in（英寸）＝ 25.4mm，1 in ＝ 1000 mil（毫英寸），1mm ≈ 40mil

（4）图纸边框　　"Show Reference Zone"表示显示有分度的边框，"Show Border"显示边框，"Title Block"表示显示标题栏。

（5）标题栏设置（Title Block）　　有 Standard（标准）标题栏和 ANSI（美国国家标准协会）标题栏两种标题栏格式。

（6）栅格设置（Grids）　　"Snap Grid"表示捕捉栅格，元件和线等图形对象只能放在栅格上，默认值为 10。"Visible Grid"表示可视栅格，屏幕显示的栅格，默认值为 10。"Electrical Grid"表示电气捕捉栅格，可以使连线的线端和元件引脚自动对齐，默认值为 8，选中该栅格画图连线时（线与线间或线与引脚间）连线一旦进入电气捕捉栅格范围时，连线就自动地与另一线或引脚对齐，并显示一大黑点，该黑点又称为电气热点。

"Snap Grid" 用于将元件、连线放置在栅格上，使图形整齐且易画图，"Visible Grid"用于显示，以确定元件位置，而 Electrical Grid 则用于连线。（在画有些图或是放置文字时，需去掉捕捉栅格以灵活放置位置。）

"Organization" 选项卡如图 2-7 所示，"Organization" 输入制图单位或设计人员，"Address" 输入 Organization 的详细信息，"Sheet" 分别表示原理图号（No.）和原理图总数（Total），"Document" 分别表示标题（Title）、资料号（No.）和版本号（Revision）。

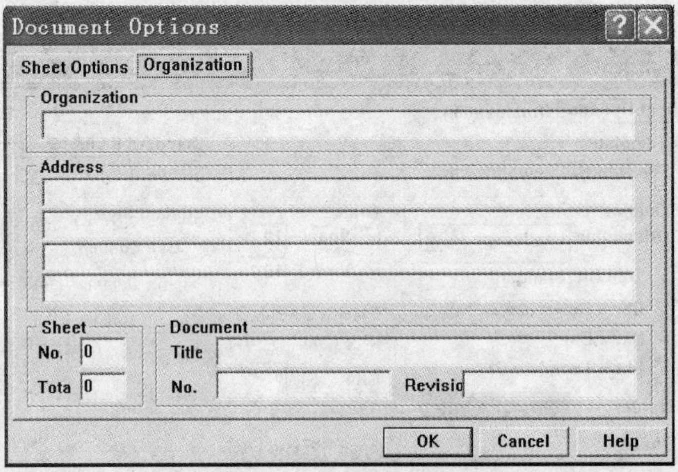

图 2-7　"Organization" 选项卡

原理图环境设置时要根据绘制内容选择合适的纸张大小，并考虑是否预先打出格子使图画与文字绘制整齐。当绘制完成后，我们都会习惯性地签下自己的名字、学校、班级包括日期等基本信息，所以在绘制原理图之前养成先对其设计环境进行设置的好习惯是很有必要的。

2.1.5　放置元件及连接导线

1. 设置元件库

在 Protel 99SE 中所使用的各个元件都存放在相应的元件库中，在画原理图放置元件之前，需先将元件所在的元件库调入系统。

1）在设计管理器 "Browse Sch" 选项卡中，单击 "Add/Remove" 按钮打开如图 2-8 所示对话框，添加或移去元件库，完成对元器件库进行设置的操作。

2）Protel 99SE 将所有元件均放在安装目录中 Library 文件夹下，根据元件的类型放在 Sch、Pcb、Pld、Sim 和 SignalIntegrity 五个子文件夹中，Sch 为原理图元件库放置文件夹，如图 2-8a 所示。

3）在 Sch 文件夹中，我们看到包含原理图元件库的文件均为设计数据库（*.ddb）文件，选中需要的元件库后单击 "Add" 按钮将该元件库添加到库列表 "Selected Files" 中，然后选择 "OK" 按钮完成添加。

4）移去元件库的操作类似，在库列表 "Selected Files" 中选中要移去的元件库后单击 "Remove" 按钮完成元件库的移去操作。

默认添加的库文件为 Miscellaneous Devices. ddb，我们一般称其为"散件库"或"基本

a) Protel 元件库默认路径

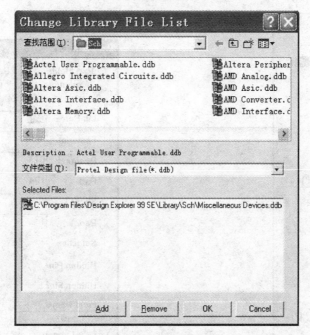

b) "Change Library File List(更改库文件列表)"对话框

图 2-8 设置元件库

器件库",常用的电阻、电容、二极管、晶体管等都可以从该库中找到。

2. 放置元件

（1）放置无极性电容元件 C13 观察如图 2-9a 所示设计管理器"Browse Sch"选项卡，"Browse Libraries"中列出已加载的元件库；"Filter"中则列出该元件库中包含的所有元件，在其中选中一只名为"CAP"的元件，在设计管理器下方的图形区域中则示意用户其为一只无极性的电容器。单击"Place"按钮进行放置，单击鼠标左键确定放置位置，单击鼠标右键取消继续放置，放置完成后的电容如图 2-9b 所示。双击该电容图标，则打开如图 2-9c 所示电容属性编辑对话框。

在如图 2-9c 所示对话框中：

"Lib referential"是指在元件库中查找电容元件时的索引名称，也就是说我们是通过"CAP"这样一个名称找到电容元件的。

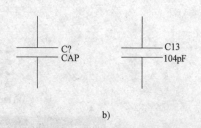

b)

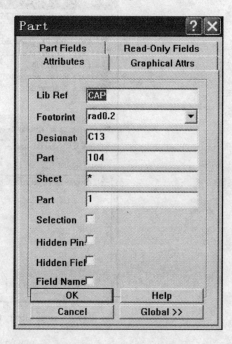

c)

图 2-9　放置电容

　　"Footprint" 即指 "封装" 的名称。之前曾提到 PCB 图可以手工绘制，那么我们在 PCB 图上放置电容元件时，同样要在 "封装元件库" 中按照一定的名称找到电容元件，该名称与 "CAP" 不同，也不具有任何联系。根据所使用实际电容的大小可以选择填入 rad0.1、rad0.2、rad0.3 或 rad0.4 作为普通电容的封装名称。由于我们最终得到 PCB 图的方式是将原理图正确绘制后由软件完成 PCB 图中封装元件的装载，所以务必在这里给出每一个元件的封装名称。

　　"designator" 是指该电容在图纸中的名称，如 C13。

　　"Part"，对于电容、电阻、电感等元件给出其电容值、电阻值或电感量大小，对于集成电路、二极管、晶体管等元件则在这里填入其型号。

（2）放置其他元件　其他元件除 U15 以外，均可以从散件库中找到，其元件封装描述"Lib referential"、"Footprint"、"designator" 等关系在表 2-1 中列出，对每一个元件请务必认真编辑其属性。

表 2-1　元件封装描述

元件名称	Lib referential	Footprint	designator
无极性电容器	CAP	rad0. 1、rad0. 2、rad0. 3 或 rad0. 4	C13 等
有极性电容器	ELECTRO1	rb. 2/. 4、rb. 3/. 6、rb. 4/. 8 或 rb. 5/1. 0	C8、C10、C20
两脚插件	CON2	sip2	J2

（3）放置电源和地　电源和接地符号通过执行菜单命令"View | Toolbars | Power Objects"打开如图 2-10a 所示电源工具栏，使用其中的 $\text{VCC}\atop\top$ 和 $\bar{\overline{\overline{}}}$ 进行放置，双击原理图中已放置的电源或接地符号，即可打开其属性对话框，如图 2-10b 和图 2-10c 所示。

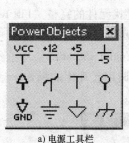
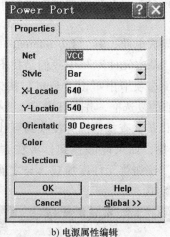
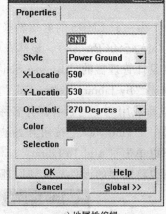

a) 电源工具栏　　　　b) 电源属性编辑　　　　c) 地属性编辑

图 2-10　放置电源和地

值得注意的是在电源和地属性编辑的对话框中，可以看到"Net"输入框，关于"Net"在之前的学习中已有过介绍，这里不再赘述。要确认接地符号的"Net"一定是"GND"，因为当接地符号放置完成后，图形上看不到它的"Net"名称，仅可以在编辑属性时进行确认。

3. 连接导线

连接导线时请使用如图 2-11 所示"Wiring Tools"工具栏中的 工具。

取用该工具后，鼠标变为十字标，当鼠标接近某元件引脚时即出现黑色的电气热点，这时单击鼠标左键即可确定导线的起点。用鼠标拖拽导线，分别在导线需要拐角处或其他需相连的元件引脚出现电气热点时单击鼠标左键，完成后单击鼠标右键完成本条导线的绘制，这时可以继续绘制其他导线。放置导线完成后的电路如图 2-12 所示。由于图 2-1 中的 U15 还没有放置，所以图 2-12 中仅有电容滤波电路部分。

图 2-11　"Wiring Tools"工具栏

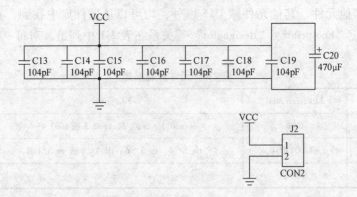

图 2-12　放置导线完成后的电路

2.1.6　原理图元件存盘

单击工具栏中保存工具图标进行存盘，在编辑原理图过程中，养成经常进行存盘操作的良好习惯。

U15 为一只 CMOS 的电压转换集成电路，其 "Lib referential" 名称，即在原理图库中的名称为 MAX660CPA（8），显然在 "基本元件库" 中我们是找不到的，那么如何找到它呢？

在设计管理器的 "Browse Sch" 选项卡中单击 "Find" 按钮，打开如图 2-13 所示对话框。勾选 "By Library Referential" 前的复选框，并在其中填入要寻找元件的完整 "Lib referential" 名称或用 "＊" 代替部分名称以扩大查找范围方便找到可代用的元件如 "MAX660＊"，然后，单击 "Find Now" 按钮开始查找，如果能够找到，将在 "Found Libraries" 中有列出，我们可以单击 "Add To Library List" 按钮将元件库加载，与之前调用元件库的操作一致，这样就可以将需要的元件放置到原理图中。

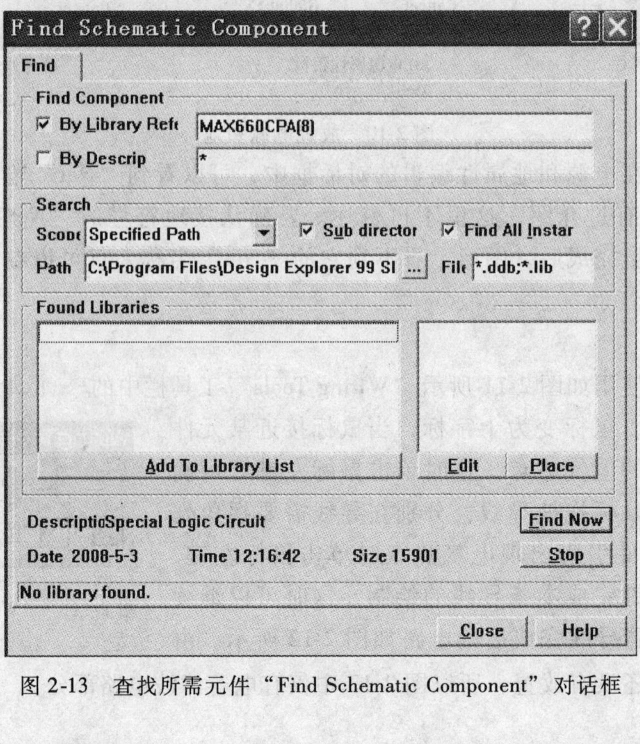

图 2-13　查找所需元件 "Find Schematic Component" 对话框

如果被查找的元件在任何库中均不存在，解决方法将在 2.2 中学习。

知识扩展与提高

在 Freq. Sch 原理图文件中放置两个集成电路 CD4060B 和 EPM7128SLC84-15(84)，如图 2-14

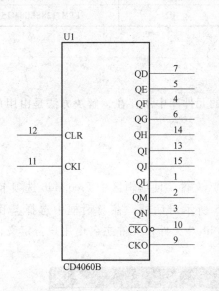

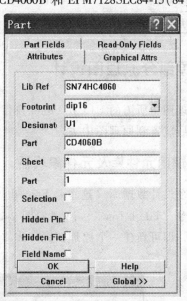

a) 放置 CD4060B

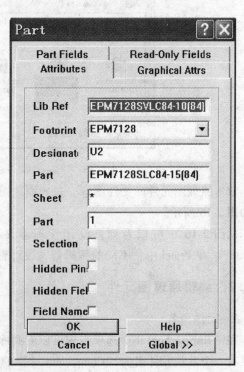

b) 放置 EPM7128SLC84-15(84)

图 2-14　放置两个集成电路

所示。元件封装描述"Lib referential"、"Footprint"、"designator"等关系在表 2-2 中列出。

表 2-2　元件封装描述

Lib referential	Footprint	designator	Part
SN74HC4060	dip16	U1	CD4060B
EPM7128SVLC84-10（84）	EPM7128	U2	EPM7128SLC84-15（84）

2.2　电源部分原理图设计

电源原理图中所需的 U15 在 Protel 自带的元件库中不存在，解决方法是由用户自行绘制该元件，然后放置到原理图中去。

2.2.1　原理图元件库及元件编辑器

打开一个设计数据库（这里是 Freq. ddb）文件，使编辑区中 Freq. ddb 选项卡在最前面，选择菜单命令"File | New"，出现如图 2-15 所示对话框。在对话框中选择 图标，单击"OK"按钮，即可新建一个原理图元件库（.lib）文件，文件主名由用户自定义，保持扩展名不变。

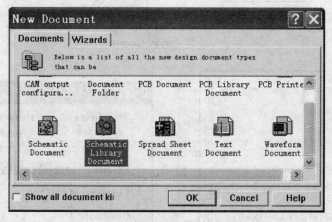

图 2-15　"New Document（新建文件）"对话框

双击原理图元件库文件图标，进入原理图元件编辑器，Protel 99SE 原理图元件编辑器窗口如图 2-16 所示。

从图 2-16 中可以看到，设计管理器又发生了变化，Browse 选项卡变成了"Browse SchLib"。在 Protel 中，不同的编辑器，设计管理器都会有所不同。

2.2.2　编辑原理图元件

1. 元件命名

在"Browse SchLib"选项卡中可以看到库元件列表，由于这是一个新建的空元件库，所以只有一个默认元件名为"Component_1"的空白元件。首先我们将其改名，操作方法为，执行菜单命令"Tools | Rename Component…"，在弹出的对话框中输入 MAX660CPA（8），单击"OK"按钮确定。

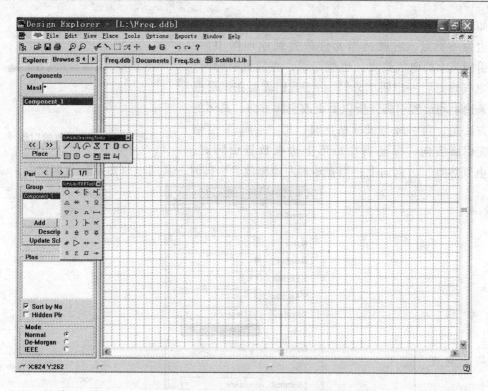

图 2-16　Protel 99SE 原理图元件编辑器窗口

2. 绘制元件图形

选择如图 2-17a 所示 "SchLibDrawingTools" 工具栏中 ▦ 工具，以编辑器窗口中坐标原点为左上角（即在第四象限）完成一个矩形方块的绘制，完成后如图 2-17b 所示。

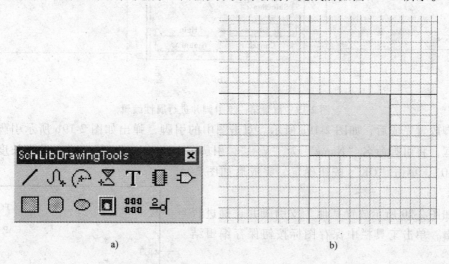

a)　　　　　　　　　　　　　　　　　　b)

图 2-17　使用 "SchLibDrawingTools" 工具栏中 ▦ 工具绘制矩形

3. 放置元件引脚

选择 "SchLibDrawingTools" 工具栏中 ⅃ 工具，鼠标变为粘连一支引脚的十字标，进入等待放置引脚状态，如图 2-18 所示。

如图 2-18 所示，鼠标的十字标在引脚的左边，引脚右边为一圆点，它就是当元件放置到原理图中后，元件引脚头上的电气热点。也就是说，在放置引脚时，其"电气热点"一定朝"外"。由于我们需要在矩形框的 4 条边上均放置引脚，所以要更改引脚方向。具体的操作方法是，当引脚与鼠标粘连时，用"space"空格键改变引脚方向，保证当在矩形上边框放置引脚时，

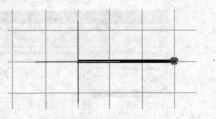

图 2-18　等待放置的引脚

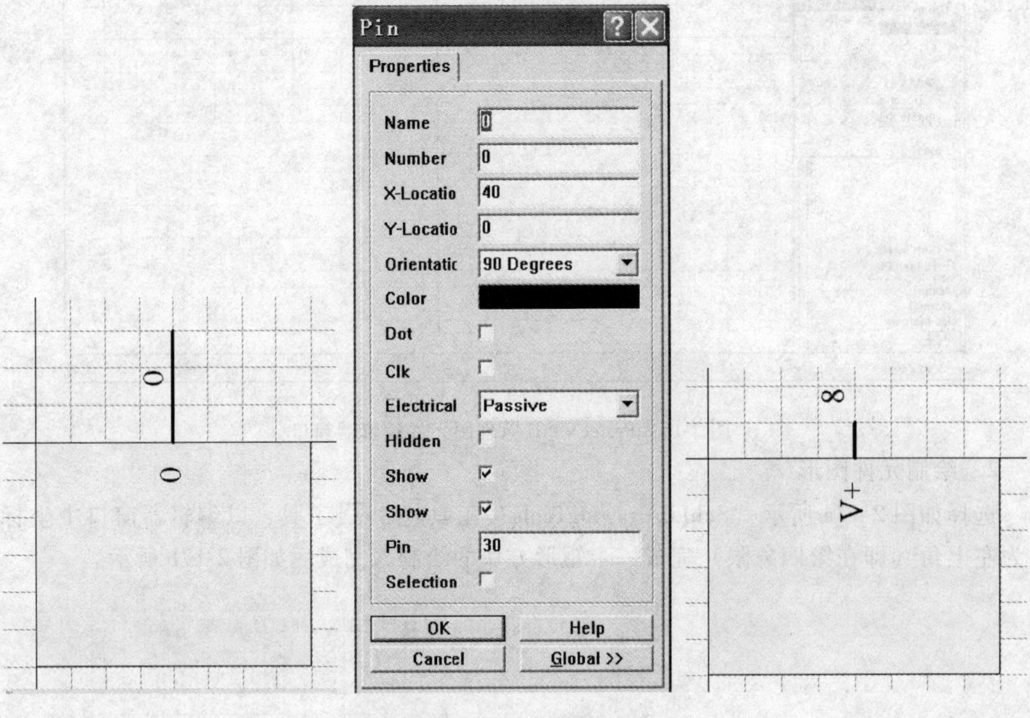

其"电气热点"方向向上；当在矩形左边框放置引脚时，其"电气热点"方向向左。

图 2-19　放置第一支引脚并进行属性编辑

引脚放置完成后，如图 2-19a 所示。双击图中的引脚，弹出如图 2-19b 所示引脚属性编辑对话框，将引脚命名"Name"为"V +"，引脚号"Number"为"8"，引脚长度"Pin"改为"10"，单击"OK"按钮确定，完成后如图 2-19c 所示。

按如图 2-20 所示放置其他 7 支引脚并正确进行属性编辑，单击工具栏中保存图标按钮保存编辑结果。

2.2.3　编辑元件属性

单击设计管理器"Browse SchLib"选项卡中的"Description…"按钮，弹出如图 2-21 所示的元件属性编辑对话框，其中的"Designator"选项卡如图中

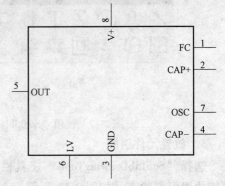

图 2-20　元件 MAX660CPA（8）

所示填写，单击"OK"按钮确定。

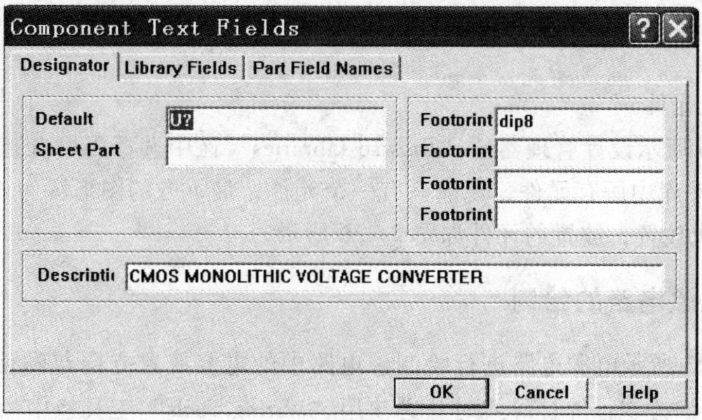

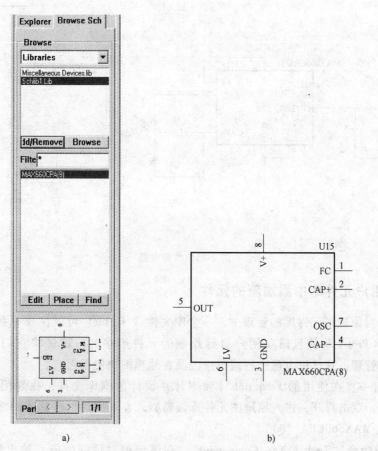

图 2-21　元件属性编辑对话框

2.2.4　在原理图中放置用户元件

1. 加载用户元件库

回到 Freq. Sch 原理图编辑界面，与加载 Protel 自带元件库一样，单击"Browse Sch"选

图 2-22　放置用户元件

项卡中的"Add/Remove"按钮，在"查找范围"栏中选择用户设计数据库（Freq. ddb）文件保存路径，找到该文件，单击"Add"按钮将其加入到"Selected Files"区中，单击"OK"按钮即可。

2. 放置用户元件

在如图 2-22a 所示设计管理器的"Browse Libraries"区中选择用户自制元件库，"Filter"中则列出用户元件库中所有元件，目前只有一个元件，最下方的图形区为该元件符号，单击"Place"按钮完成放置，放置的元件如图 2-22b 所示。

2.2.5　完成电源电路的绘制

按照如图 2-23 所示电源电路进行绘制。电路中的电容放置方向与默认方向不同时，使用"space"空格键改变；连接导线时务必使用"Wiring Tools"工具栏中的 工具。

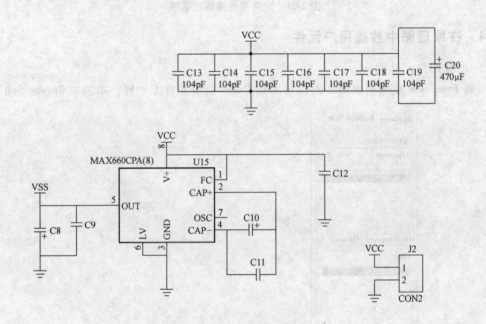

图 2-23　电源电路

2.2.6　在用户元件库中添加新的元件

在 Protel 对原理图元件库的管理中，一个库文件（ * . lib）可以存放一系列相关的用户元件。当初学 Protel 软件且需要用户自行绘制的元件不多时，建议将它们用一个库文件（ * . lib）统一管理，这样可方便进行编辑修改及在原理图中使用它们。

打开我们一直在使用的 Freq. ddb（频率计）设计数据库文件，找到用户元件库文件（Schlib1. lib），双击打开，进入原理图元件库编辑器，在其中可以看到我们之前编辑的电压转换器元件（MAX660CPA（8））。

执行菜单命令"Tools | New Component"，在弹出的对话框中务必给出新元件的名称，如 LED7/3，尽量不要使用汉字，单击"OK"按钮确定，在元件库文件中添加新元件，如图

2-24 所示，左栏的设计管理器中看到新元件 LED7/3 处于正在编辑状态，右侧编辑区变为空白等待用户绘制新的元件。

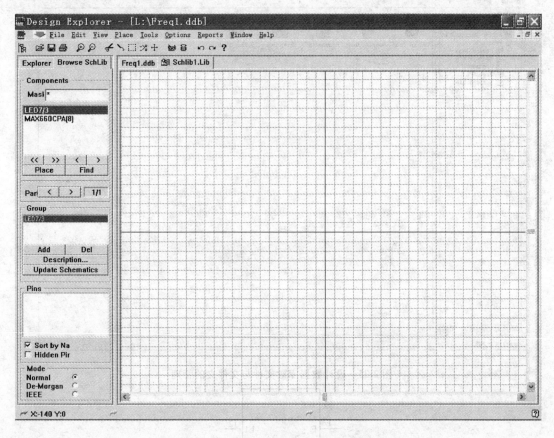

图 2-24　在元件库文件中添加新元件

知识扩展与提高

1. 编辑区中将除设计数据库（＊.ddb）文件选项卡外的所有选项卡都关闭，方法为在选项卡上单击鼠标右键，在弹出的快捷菜单中选择"Close"，对于没有存盘的文件，软件会给出是否存盘的提示，用户根据需要进行操作即可。设计管理器中则仅剩下"Explorer"选项卡。

此时，可以看到通过两节的学习，Freq.ddb 下多了两个用户文件：一个原理图文件，一个原理图元件库文件。设计数据库对文件与文件夹的管理如图 2-25 所示，注意它们图标的不同与特点。为方便管理，可以把它们移入"Documents"文件夹中，还可以更改该文件夹的名称，方法与 Windows 中对文件的管理方法相同。也可以执行菜单命令"File | New"，在弹出的对话框中选择图标完成新建文件夹的操作，用它来管理用户自己的文件。

在今后的学习中，还会使用各种不同类型的文件，均由 .ddb 文件来管理，所以熟悉设计管理器的使用尤为重要。

2. 按图 2-26 绘制 LED7/3 数码管元件。

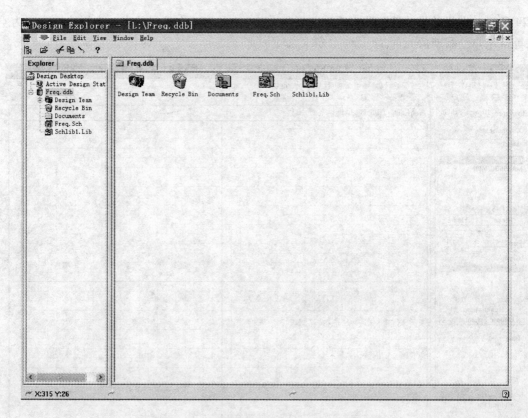

图 2-25　设计数据库对文件与文件夹的管理

图 2-26　LED7/3

2.3　绘制时钟信号发生器电路原理图

2.3.1　时钟信号发生器电路原理图绘制

绘制如图 2-27 所示时钟信号发生器电路原理图，图中出现了几个之前没用到过的元件，元件封装描述 "Lib referential"、"Footprint"、"designator" 等关系在表 2-3 中列出。

表 2-3　元件封装描述

元件名称	Lib referential	Footprint	designator	Part
电阻	RES2	axial0.3、axial0.4、axial0.5、axial0.6、axial0.7、axial0.8、axial0.9 或 axial1.0	R1、R2	默认
晶体振荡器	CRYSTAL	Rad0.3	Y2	默认

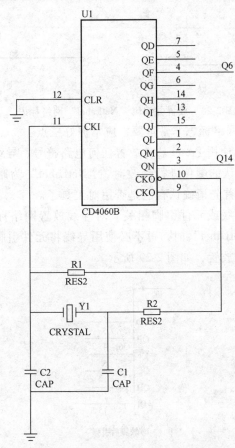

图 2-27　时钟信号发生器电路原理图

图中还有两个接地符号, 放置时请务必使用 "Power Objects" 工具栏中的 ≡ 工具, 并确认其 "Net" 名称为 "GND", 不可以出错。

2.3.2　在原理图中使用 "NetLabel" 网络标志

在上面的原理图中, 我们还可以看到有两条导线被分别命名为 Q6 和 Q14, 这就是被放置了 "NetLabel" 网络标志的导线, 当某两条导线被用户命名了相同 "Net" 名称时, 两条导线则是相连的。

放置方法为单击 "Wiring Tools" 工具栏中的 Net1 工具, 鼠标变为粘连了 "NetLabel" 的十字标, 如图 2-28a 所示; 放置时, 鼠标需紧贴导线如图 2-28b 所示, 有时甚至可以看到电气热点, 如图 2-28c 所示, 只有在这种情况下放置的网络标志才与导线相关, 否则不能为其定义正确的网络名称。单击鼠标左键网络标志放置完成, 如图 2-28d 所示。双击红色的网络标志，在弹出的对话框中修改"Net"名称，单击"OK"按钮确定，修改后的"NetLabel"如图 2-28e 所示。

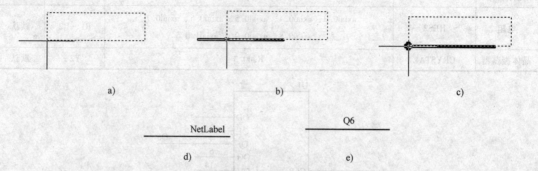

图 2-28　放置并编辑"NetLabel"网络标志

正确放置"NetLabel"网络标志非常重要，应掌握好三点：

（1）使用正确的工具　使用 Protel 软件放置任何电路符号、导线、图形、文字时都有其默认的颜色，当用户不对默认的颜色进行修改时，"NetLabel"为暗红色，在放置的网络标志不再是其默认的颜色时，首先请确认自己是否用对工具了。

（2）确保网络标志与导线或元件引脚相关　对导线放置网络标志，一定要紧贴导线放置；当对元件引脚放置"NetLabel"时，可不必使用导线将元件引脚延长，但放置时，务必在出现"电气热点"时进行放置，如图 2-29 所示。

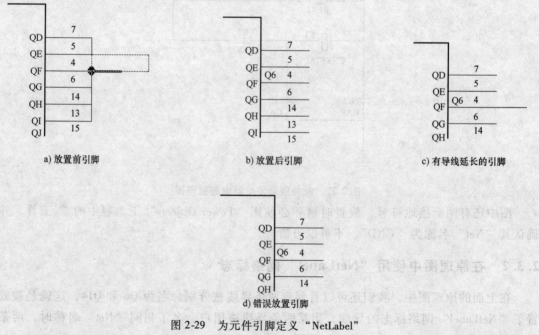

图 2-29　为元件引脚定义"NetLabel"

（3）需要连接在一起的导线要确保"Net"名称一致　这方面，初学者经常会犯错误。

知识扩展与提高

应用"NetLabel"网络标志绘制如图 2-30 所示的原理图，然后将"NetLabel"网络标志处用连接线进行连接。分析有什么区别？对电路有什么影响？

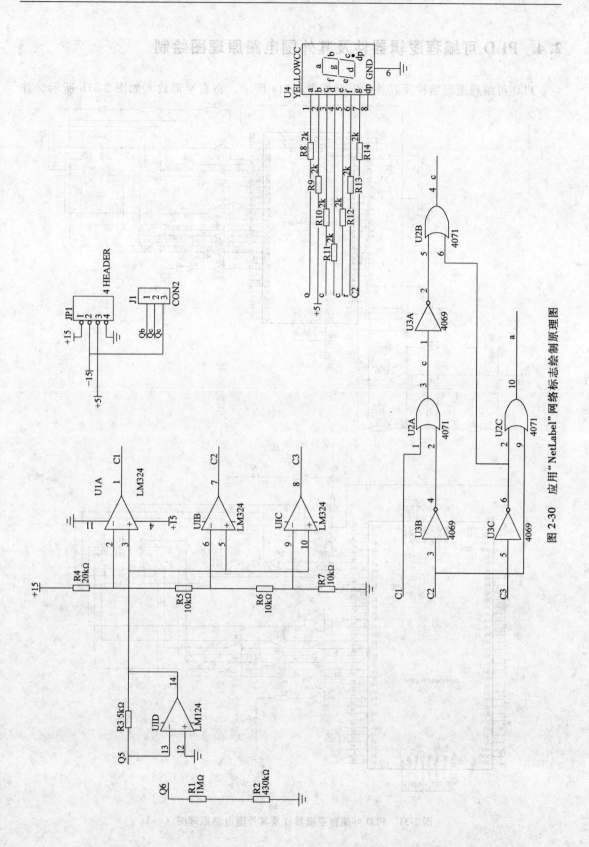

图 2-30　应用"NetLabel"网络标志绘制原理图

2.4　PLD 可编程逻辑器件及其外围电路原理图绘制

　　PLD 可编程逻辑器件及其外围电路如图 2-31a 所示，将右半部放大如图 2-31b 所示。首

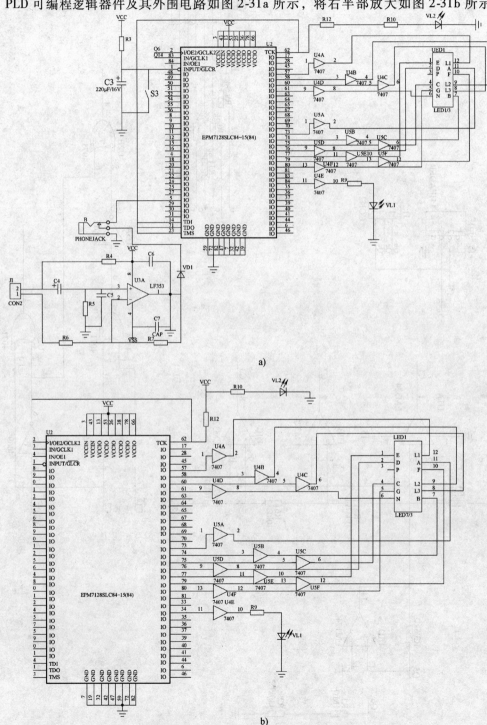

a)

b)

图 2-31　PLD 可编程逻辑器件及其外围电路原理图（一）

先学习绘制 EPM7128SLC84-15（84）可编程逻辑器件右半部分电路。

这部分电路中包含 7407 集电极开路门，在 Protel 的自带元件库中存在，但体积稍大，如图 2-32a 所示；我们使用的 7407 芯片则要小得多，如图 2-32b 所示。

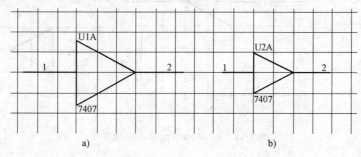

a)　　　　　　　　　　　　　　b)

图 2-32　Protel 自带元件与用户绘制元件比较

如果仔细观察图 2-32b 所示电路可以发现，虽然电路中使用了若干个 7407 集电极开路门，但仅出现了 U4 和 U5 两片集成电路，以 A、B、C、D、E、F 加以区分，并且引脚号码还发生了变化。这是因为 74 系列集成电路采用 14 引脚双列直插封装，除引脚 7 和引脚 14 用于接地和 VCC 外，其余引脚均可作为其内部门电路的输入、输出引脚，一个集电极开路门有两引脚，所以在一片 7407 内部可以制作 6 个相互独立的门电路，芯片引脚分布（即内部结构）如图 2-33 所示。在图 2-32b 中以

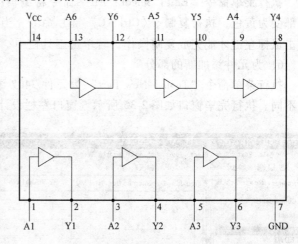

图 2-33　7407 芯片引脚分布图

A、B、C、D、E、F 分别表示一片集成芯片内部不同的门电路。

2.4.1　绘制 7407 集电极开路门芯片电路

1. 给出新元件的名称

在 Freq. ddb 设计数据库文件中打开 Schlib1. lib 原理图元件库文件，执行菜单命令"Tools | New Component"，在弹出的对话框中给出新元件的名称 7407，单击 "OK" 按钮确定。

2. 绘制三角图形

选择 "SchLibDrawingTools" 工具栏中∠工具，按如图 2-34a 所示绘制三角图形。

3. 放置引脚

按如图 2-34b 所示放置引脚，引脚名称（name）与引脚号（number）按图中所示设置。

4. 完成设置

将 1 号引脚与 2 号引脚的名称（name）设为隐藏（不显示）属性，将电源（14 号）引脚和地（7 号）引脚属性设为隐藏（Hidden），设置完成如图 2-34c 所示。

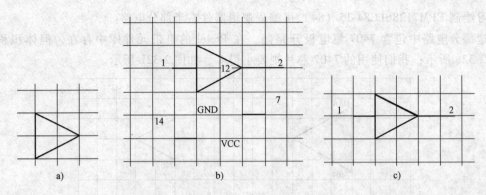

图 2-34 绘制 7407 的第一个部分

5. 完成编辑

执行菜单命令"Edit | Select | All"命令将编辑区中包括被隐藏的内容全部选中，元件全部变为黄色，执行复制（〈Ctrl + C〉键）命令，当鼠标变为十字标时在编辑区坐标原点处单击鼠标左键才能完成复制操作，若单击工具栏中 工具，则取消选择。

6. 为元件添加新的部分

执行菜单命令"Tools | New Part"为元件 7407 添加新的部分，注意此操作与添加新元件不同。执行完毕窗口如图 2-35 所示。窗口左栏设计管理器中可以看到元件的"Part"为两

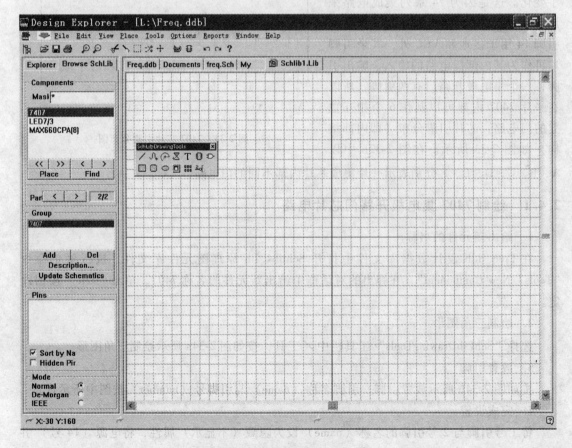

图 2-35 为元件添加新的部分

部分，正在编辑的部分是第二部分以 "2/2" 方式指示给用户；窗口右侧大片编辑区则为空白。

7．编辑引脚属性

执行粘贴（〈Ctrl + V〉键）命令，鼠标变为十字标并粘连待粘贴的元件，如图 2-36a 所示，在编辑区坐标原点处单击鼠标左键放置该元件，若使用工具栏中 工具，则取消选择，并按如图 2-36b 所示重新编辑引脚属性。

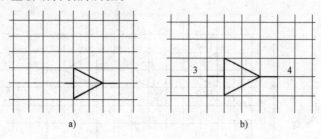

图 2-36　编辑 7407 的第二个部分

8．为元件添加其余部分

重复前面步骤 6 和 7，为元件添加如图 2-37 所示的其余 4 个部分。注意与图 2-33 所示引脚分布图保持一致。

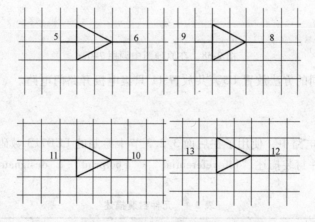

图 2-37　7407 的其余 4 个部分

9．编辑元件属性

单击设计管理器 "Browse SchLib" 选项卡中的 "Description…" 按钮，在弹出的对话框中编辑 "Default" 为 U?、"Footprint" 为 dip14、"Description" 为 Hex Buffers with High Voltage Open-Collector Outputs，单击 "OK" 按钮确定。

2.4.2　在原理图中调用 7407

在原理图中调用 7407，如图 2-38 所示。

1．装载用户元件库

在 Freq. ddb 设计数据库文件中打开 Freq. Sch 原理图文件，装载用户元件库。

2．放置元件

在窗口左栏设计管理器中，选中用户元件库及 7407 元件，单击 "Place" 按钮放置元件的第一个部分。

3. 完成放置

在窗口左栏设计管理器中，单击如图 2-38a 中 ▭▶ 按钮，图形显示区显示出该元件的第二个部分，单击 "Place" 按钮放置元件的第二个部分，用同样的方法放置该元件的其他部分，将它们均定义为 U4，封装全部使用 dip14，放置完成如图 2-38b 所示。

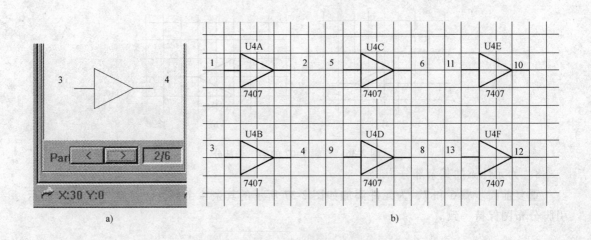

图 2-38　在原理图中调用 7407

用与步骤 3 相同的方法放置 U5，共放置 11 只集电极开路门电路。

2.4.3　完成电路

如图 2-31 所示电路中，使用了在后面 3.2.3 节中绘制的 LED7/3 数码管元件符号及发光二极管，它们的元件封装描述 "Lib referential"、"Footprint"、"designator" 等关系在表 2-4 中列出。

表 2-4　元件封装描述

元件名称	Lib referential	Footprint	designator	Part
七段数码显示器	LED7/3（用户绘制）	LED7/3	LED1	LED7/3
发光二极管	LED	LED0.1	L1、L2	LED

2.4.4　PLD 可编程逻辑器件及其外围电路的绘制

如图 2-39 所示为 PLD 可编程逻辑器件及其外围电路原理图的左半部分及被局部放大的电路图。其中图 2-39b 所示为 "清零" 输入电路，当 S3 被按下时，计数器清零。图 2-39c 所示为被测信号的输入电路部分，当信号电平较高且稳定时，可以接入 J3 端直接被送入 PLD 进行频率计数；当信号电平较低时，则由 J1 端接入，经运算放大后送入 PLD 进行频率计数。

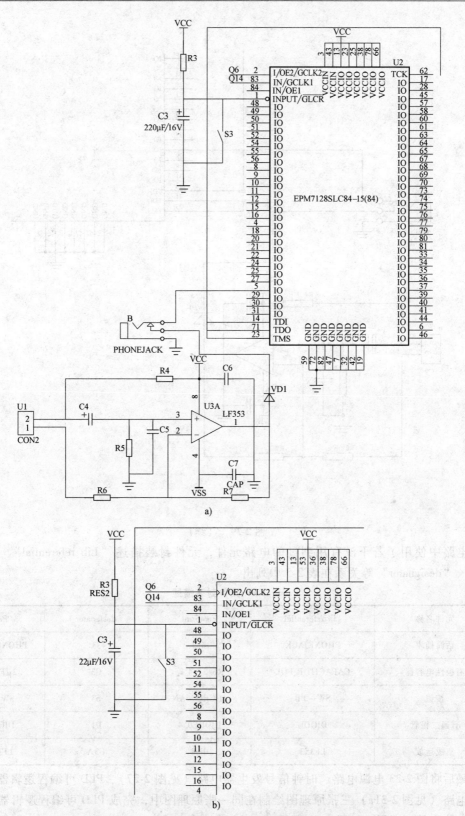

图 2-39　PLD 可编程逻辑器件及其外围电路原理图（二）

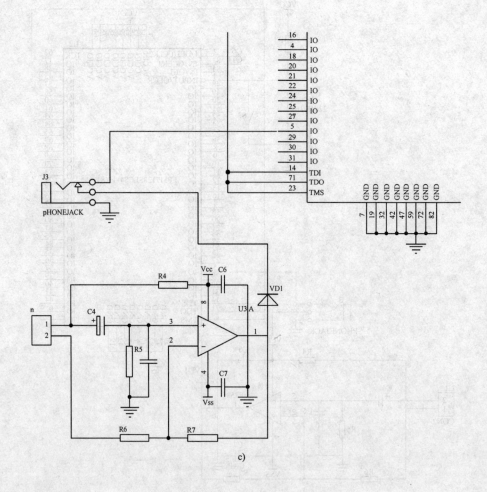

图 2-39　（续）

　　电路中使用了若干没有用到过的电路元件，元件封装描述"Lib referential"、"Foot-print"、"designator"等关系在表 2-5 中列出。

表 2-5　元件封装描述

元件名称	Lib referential	Footprint	designator	Part
话筒插座	PHONEJACK	sip3	J3	PHONEJACK
有极性电容器	CAPACITOR POL	Rb. 2/. 4 等	C3	22μF/16V
按钮	SW – PB	MICRO – AN	S3	SW-PB
普通二极管	DIODE	DIODE0. 4	D1	DIODE
集成运放	LF353	dip8	U3A	LF353

　　最后将图 2-23 电源电路、时钟信号发生器电路（见图 2-27）、PLD 可编程逻辑器件及其外围电路（见图 2-31a）三张原理图绘制在同一张原理图中，完成 PLD 可编程逻辑器件及其外围电路完整原理图，如图 2-40 所示。

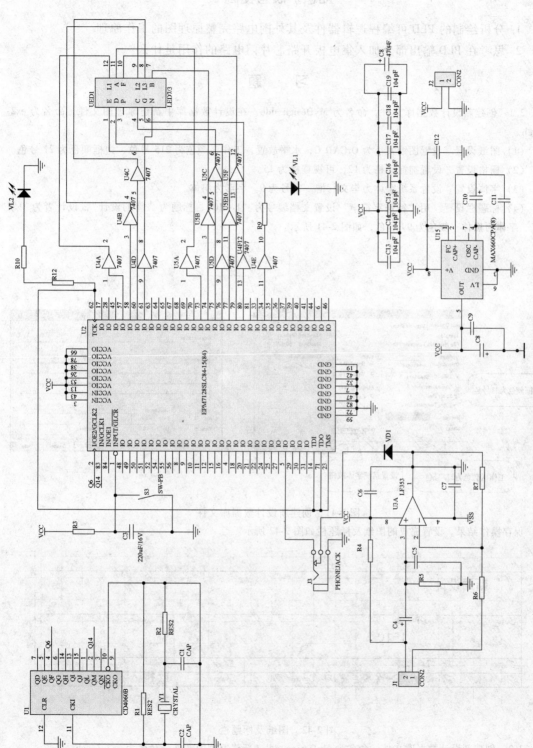

图 2-40　PLD 可编程逻辑转器件及其外围电路完整原理图

知识扩展与提高

1. 分析绘制的 PLD 可编程逻辑器件及其外围电路完整原理图的工作原理。
2. 思考在 PLD 输出部分加入集电极开路芯片门电路的作用是什么？

习　　题

2.1　创建新设计数据库文件，命名为 MyDesign. ddb，在设计数据库中新建原理图文件，命名为 ex2-1. sch。

（1）图纸设置　设置图纸大小为 OrCAD C，水平放置，工作区颜色为 215 号色，边框颜色为 21 号色。

（2）栅格设置　设置捕捉栅格为 12，可视栅格为 15。

（3）字体设置　设置系统字体为华文行楷、字号为 9、字形为斜体。

（4）标题栏设置　用"特殊字符串"设置文档编号为"1 – 10"，标题为"新的设计"，设计者为"联想"，字体为黑体，颜色为 99 号色，如图 2-41 所示。

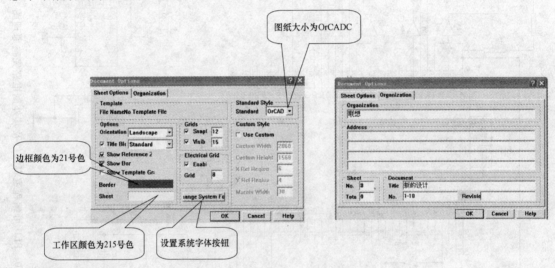

图 2-41　创建新设计数据库文件

保存操作结果。设置完成的图纸及标题栏如图 2-42 所示。

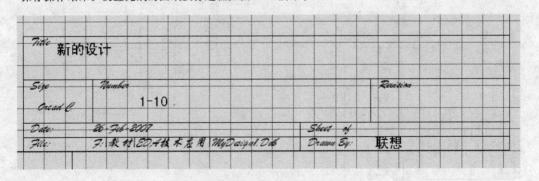

图 2-42　图纸及标题栏

2.2　创建新设计数据库文件，命名为 MyDesign. ddb。新建原理图文件，命名为 ex2-2. sch。

（1）图纸设置　设置图纸大小为 Letter，垂直放置，工作区颜色为 18 号色，边框颜色为 236 号色。

（2）栅格设置　设置捕捉栅格为 5mil，可视栅格为 8mil。

（3）字体设置 设置系统字体为 PMingLiU、字号为 8、带删除线。

（4）标题栏设置 用"特殊字符串"设置制图者为 Nokia；标题为"我的设计图"，字体为华文彩云，颜色为 221 号色，如图 2-43 所示。保存操作结果。

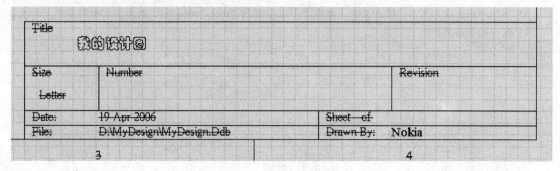

图 2-43 原理图环境设置

2.3 新建原理图文件，命名为 ex2-3. sch。

1）按图 2-44 所示绘制原理图。

2）如图 2-44 所示编辑元件、连线、端口及网络标号等。

3）在原理图中插入文本，输入文本"我的第一张电路图"，字体为 News Gothic MT、斜体，红色，大小为二号。

4）保存操作结果。

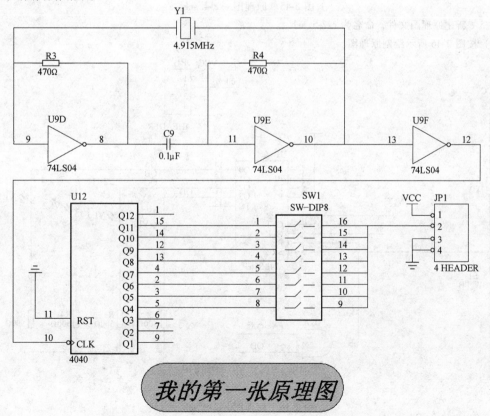

图 2-44 原理图 ex2-3. sch

2.4　新建原理图文件，命名为 ex2-4.sch。

1）按图 2-45 所示绘制原理图。

2）如图 2-45 所示编辑元件、连线、端口及网络标号等。

3）在原理图中插入文本，输入文本"原理图 7"，字体为 News Gothic MT、斜体，大小为二号。

4）保存操作结果。

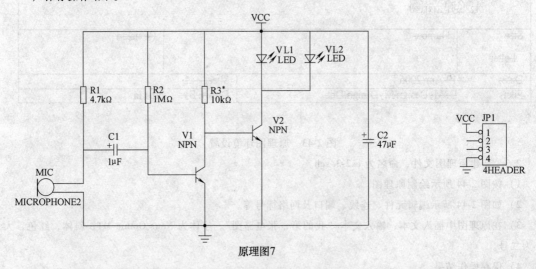

原理图7

图 2-45　原理图 ex2-4.sch

2.5　新建原理图文件，命名为 ex2-5.sch。

1）按图 2-46 所示绘制原理图。

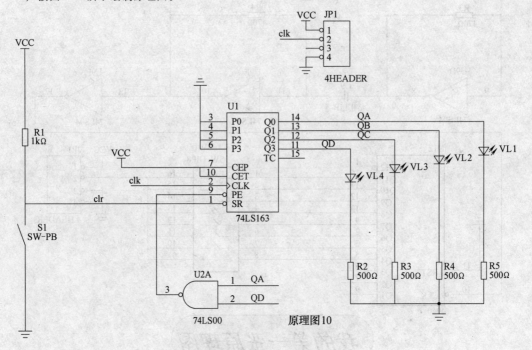

原理图10

图 2-46　原理图 ex2-5.sch

2）如图 2-46 所示编辑元件、连线、端口及网络标号等。

3）在原理图中插入文本，输入文本"原理图 10"，字体为 @ Fixedsys，大小为 20。

4）建立网络表。

5）保存操作结果。

2.6 新建原理图文件，命名为 ex2-6. sch。

1）在 ex2-6. sch 文件中打开 HP – Eesof、AMD Logic 和 Lattice 三个库文件。

2）向原理图中添加元件 XFERTAP、AM29809LM（28）和 PLSI1016 – 50 LJ（44），依次命名为 A1、A2 和 A3，如图 2-47 所示。

3）保存操作结果

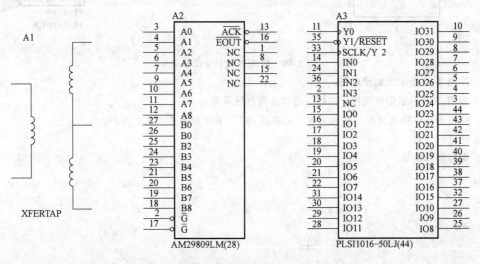

图 2-47 原理图文件 ex2-6. sch

2.7 新建原理图文件，命名为 ex2-7. sch。

1）在 ex2-7. sch 文件中打开 TI Logic、SIM 和 Elantec Analog 三个库文件。

2）向原理图中添加元件 SNJ54AC11004J（20）、ADC0800 和 EL4444 CN（14），依次命名为 SNJA、ADC 和 EL，如图 2-48 所示。

3）保存操作结果。

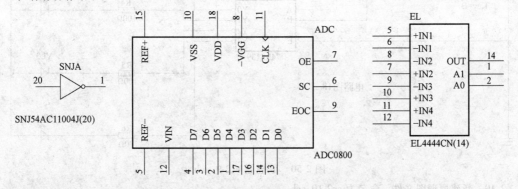

图 2-48 原理图文件 ex2-7. sch

2.8 新建原理图文件，命名为 ex2-8. sch。

1）在 ex2-8. sch 中打开 SIM、Elantec Analog 和 Gennum Interface 三个库文件。

2）向原理图中添加元件 PLL100k、EHA7 – 2622/883B（8）和 YELLOW CA，依次命名为 PLL、EHA 和 YELLOW，如图 2-49 所示。

3）保存操作结果。

2.9 新建原理图文件，命名为 ex2-9. sch。

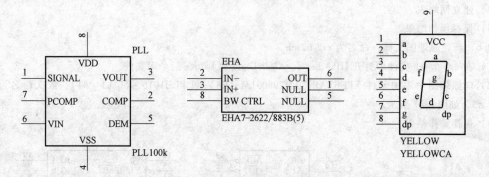

图 2-49　原理图文件 ex2-8. sch

1）按图 2-50 所示绘制原理图。

2）如图 2-50 所示编辑元件、连线、端口及网络标号等。

3）在原理图中插入文本，输入文本"电路图 18"，字体为隶书，大小为 18。

4）建立网络表。

5）保存操作结果。

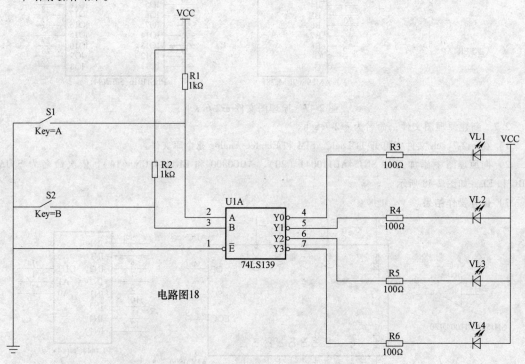

图 2-50　原理图 ex2-9. sch

2.10　新建原理图文件，命名为 ex2-10. sch。

1）按图 2-51 所示绘制原理图。

2）如图 2-51 所示编辑元件、连线、端口及网络标号等。

3）在原理图中插入文本，输入文本"设计图 19"，字体为楷体、斜体，大小为 18。

4）建立网络表。

5）保存操作结果。

2.11　新建原理图文件，命名为 ex2-11. sch。

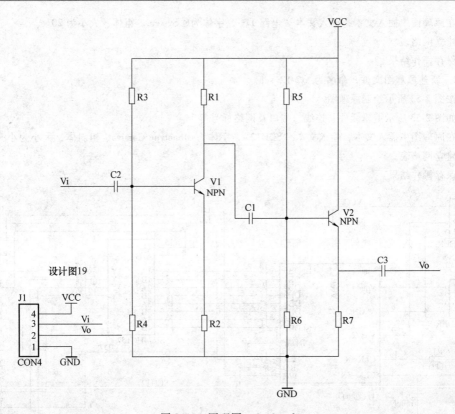

图 2-51　原理图 ex2-10. sch

1）按图 2-52 所示绘制原理图。

2）如图 2-52 所示编辑元件、连线、端口及网络标号等。

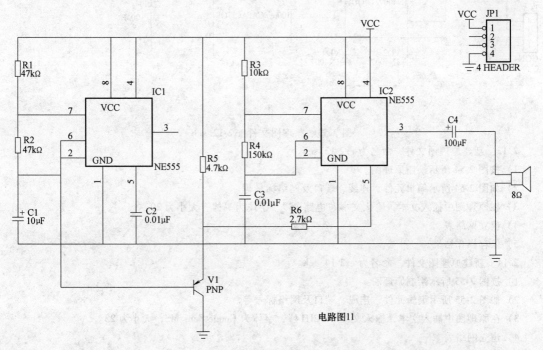

图 2-52　原理图 ex2-11. sch

3）在原理图中插入文本，输入文本"电路 11"，字体为 @ System、粗体，大小为 20。

4）建立网络表。

5）保存操作结果。

2.12　新建原理图文件，命名为 ex2-12. sch。

1）按图 2-53 所示绘制原理图。

2）如图 2-53 所示编辑元件、连线、端口及网络标号等。

3）在原理图中插入文本，输入文本"SCH12"，字体为 Monotype Corsiva、粗斜体，大小为小一号。

4）建立网络表。

5）保存操作结果。

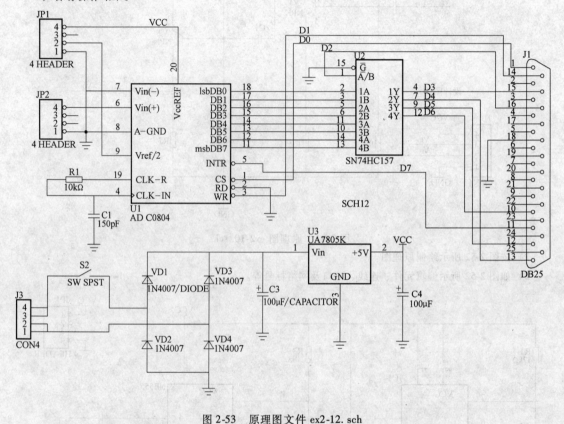

图 2-53　原理图文件 ex2-12. sch

2.13　新建原理图文件，命名为 ex2-13. sch。

1）按图 2-54 所示绘制原理图。

2）如图 2-54 所示编辑元件、连线、端口及网络标号等。

3）在原理图中插入文本，输入文本"电路 15"，字体为黑体，大小为 20。

4）建立网络表。

5）保存操作结果。

2.14　新建原理图文件，命名为 ex2-14. sch。

1）按图 2-55 所示绘制原理图。

2）如图 2-55 所示编辑元件、连线、端口及网络标号等。

3）在原理图中插入文本，输入文本"SCH14"，字体为 Comic Sans MS，大小为 23。

4）建立网络表。

5）保存操作结果。

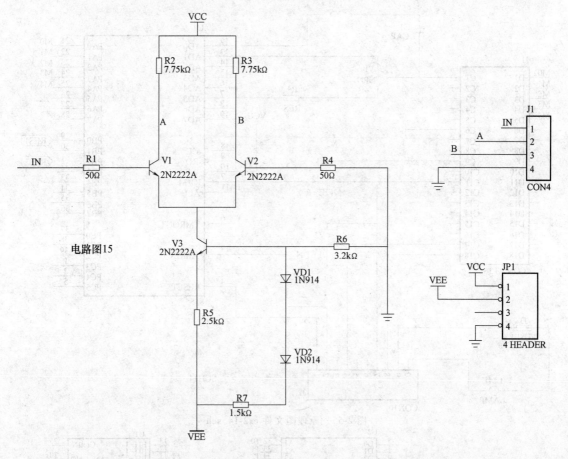

图 2-54　原理图文件 ex2-13. sch

2.15　新建原理图文件，命名为 ex2-15. sch。

1）按图 2-56 所示绘制原理图。

2）如图 2-56 所示编辑元件、连线、端口及网络标号等。

3）在原理图中插入文本，输入文本"电路图 2"，字体为隶书，大小为 17。

4）建立网络表。

5）保存操作结果。

2.16　新建原理图文件，命名为 ex2-16. sch。

1）按图 2-57 所示绘制原理图。

2）如图 2-57 所示编辑元件、连线、端口及网络标号等。

3）在原理图中插入文本，输入文本"MY SCH3"，字体为 Arial Black，大小为 17。

4）建立网络表。

5）保存操作结果。

2.17　新建原理图文件，命名为 ex2-17. sch。

1）按图 2-58 所示绘制原理图。

2）如图 2-58 所示编辑元件、连线、端口及网络标号等。

3）在原理图中插入文本，输入文本"电路图 4"，字体为华文中宋，大小为 19。

4）建立网络表。

5）保存操作结果。

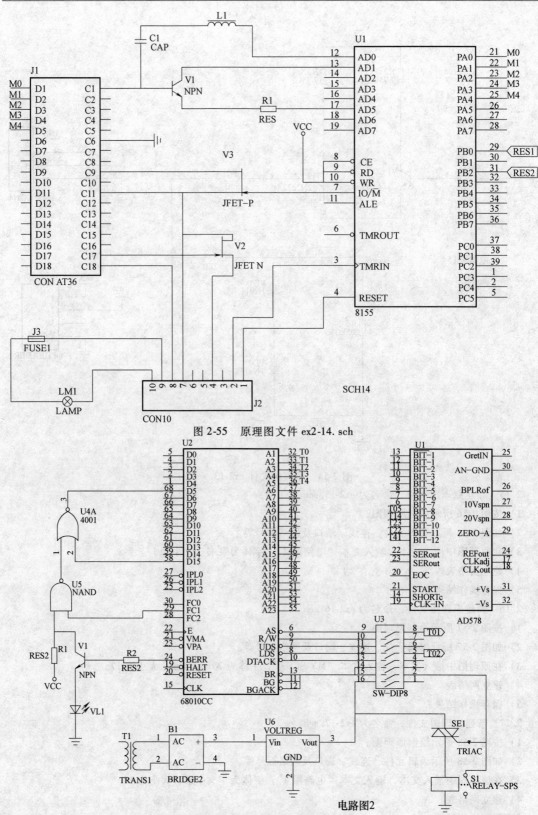

图 2-55　原理图文件 ex2-14. sch

电路图2

图 2-56　原理图文件 ex2-15. sch

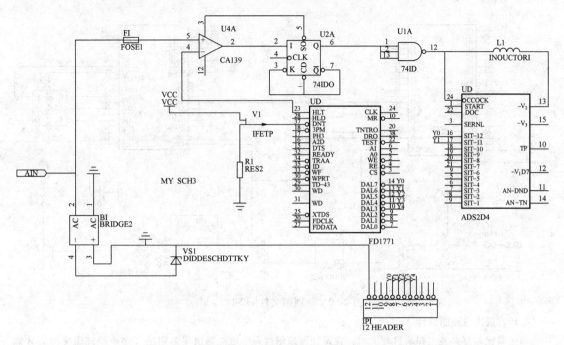

图 2-57　原理图文件 ex2-16. sch

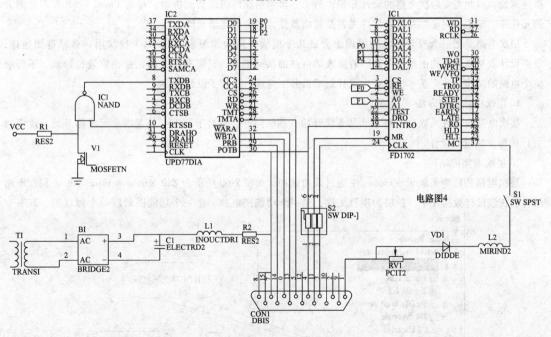

图 2-58　原理图文件 ex2-17. sch

2.18　新建原理图文件，命名为 ex2-18. sch。

1）按图 2-59 所示绘制原理图。

2）如图 2-59 所示编辑元件、连线、端口及网络标号等。

3）在原理图中插入文本，输入文本"原理图 5"，字体为华文细黑，大小为 14。

4）建立网络表。

5）保存操作结果。

原理图5

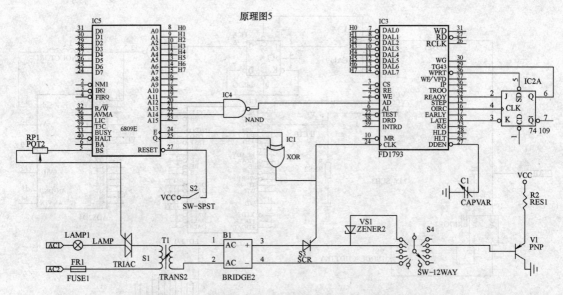

图 2-59　原理图文件 ex2-18. sch

2.19　层次电路图设计。

当电路比较复杂或工程项目较大时，在设计原理图过程中可能要用很多图纸（多个原理图文件）才能描述清楚，因此需要层次电路的设计知识；另一方面绘制原理图放置元件时，尽管 Protel 99SE 有非常庞大的元件库，但也未完全涉及所有器件尤其是新增器件，需要创建新元件。

层次电路是把一个较大的电路原理图分成几个模块（用功能图表示），每个模块用一张原理图描述，电路设计者从总体结构上把握电路，若需改动电路的某一细节，只需对相关的电路模块进行修改，不影响整个电路的结构，各个基本模块可由设计组成员分工完成，提高了设计效率。

1. 层次电路设计方法

层次电路设计可采取自上而下（从系统开始，逐级向下）或自下而上（从基本单元电路开始，逐级向上）两种方法进行设计。

2. 层次电路的结构

层次电路的结构类似于 Windows 中的目录树结构，如图 2-60 所示为 Z80 Microprocessor. Ddb 中层次电路结构。在该设计数据库中，顶层为项目文件，是一个功能图电路，每一个功能图对应一个原理图，其下一

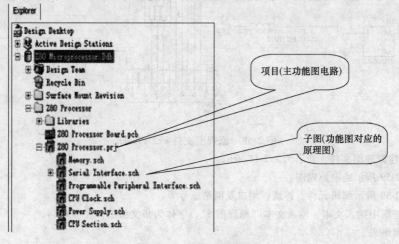

图 2-60　层次电路结构

层就是每个功能图所代表的原理图。

3. 层次电路设计

现以图 2-61 为例说明层次电路的设计方法。

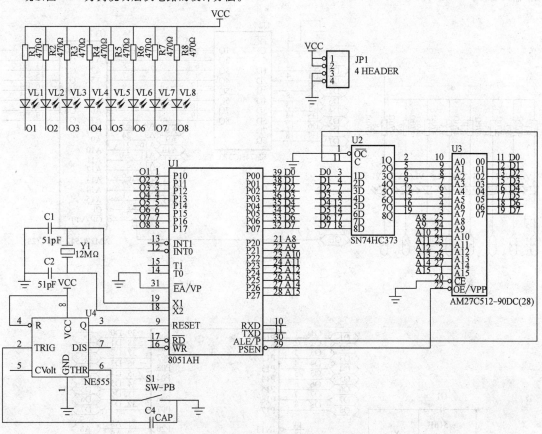

图 2-61　用层次电路的设计方法绘制原理图

（1）新建项目及模块文件　在示例设计数据库下建立文件夹"层次电路"并新建原理图文件"层次电路. Sch"及各模块对应的原理图文件，如图 2-62 所示。

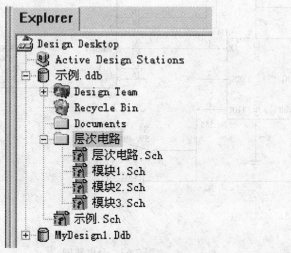

图 2-62　"层次电路"项目及模块文件

（2）完成分电路原理图　现将图 2-61 所示电路分成如图 2-63a、b、c 所示三个分电路图，在模块 1. Sch、模块 2. Sch、模块 3. Sch 中分别完成各分电路的绘制，与总电路原理图的区别是这里增加了电路输出/输入端口。

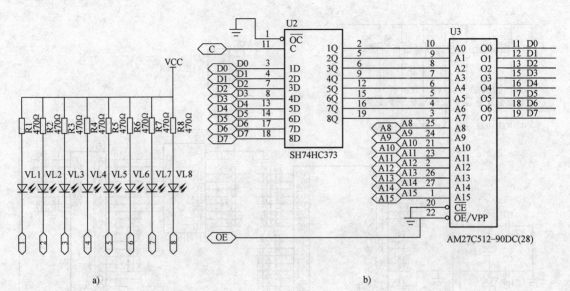

a)　　　　　　　　　　　　　　b)

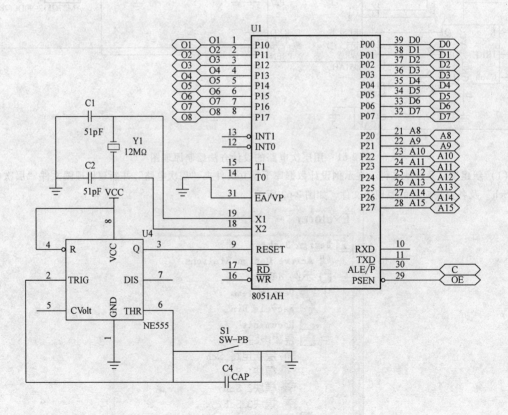

c)

图 2-63　分电路图

（3）生成电路图纸符号　打开文件"层次电路.Sch"，选择菜单命令"Design | Create Symbol Form Sheet"完成生成电路图纸符号操作，如图 2-64 所示。

图 2-64　选择分电路

选择组成图纸符号的分电路后确定 I/O 方向（一般选择 No），依次完成所有分电路的选择后（这里是模块 1.Sch、模块 2.Sch 和模块 3.Sch）出现如图 2-65a 所示电路图（层次电路.Sch），完成对应的电气连接得到最终电路原理图，如图 2-65b 所示。

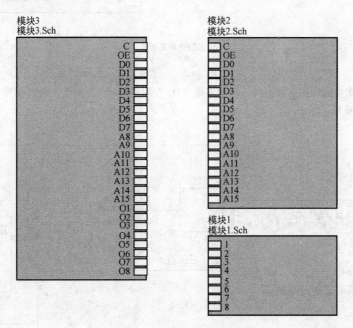

a) 分电路的选择

图 2-65　电路原理图

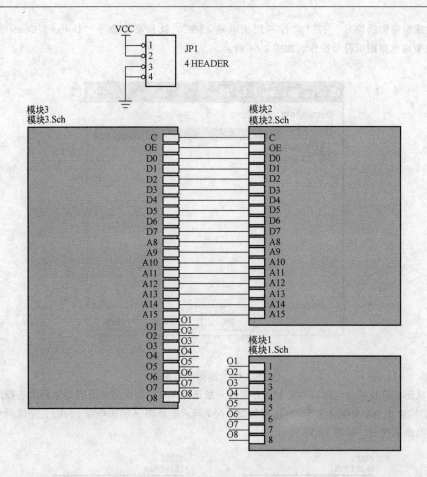

b) 最终电路原理图

图 2-65　（续）

2.20　利用层次电路图的设计方法绘制原理图文件"ex2-20. sch"，如图 2-66 所示电路，将电路图分成两部分，如图 2-67 所示。

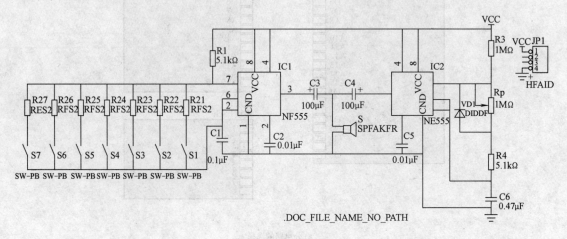

图 2-66　电路原理图

1）设计项目文件及下层各模块电路，生成如图 2-68 所示的最终电路原理图。

2）建立网络表。

3）保存操作结果。

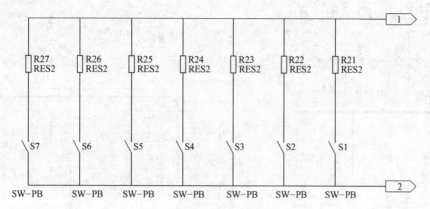

a)

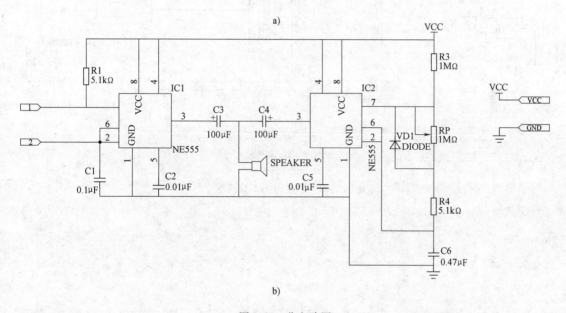

b)

图 2-67　分电路图

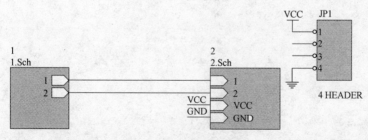

图 2-68　最终电路原理图

2.21　利用层次电路图的设计方法新建原理图文件"ex2-21. sch"，绘制如图 2-69 所示电路，

1）将电路图分成 2 或 3 部分。

2）设计项目文件及下层各模块电路。

3）建立网络表。

4）保存操作结果。

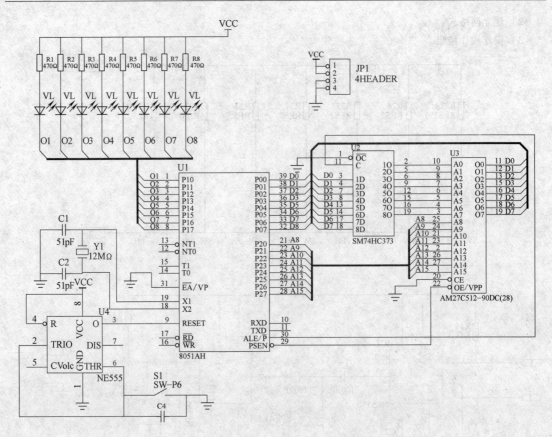

图 2-69　原理图 ex2-21. sch

第 3 章 应用 Protel 99SE 软件绘制 4 位 频率计印制电路板图

3.1 网络表的创建

通过前面的学习，我们绘制了电源电路、时钟信号发生器电路、PLD 可编程逻辑器件及其外围电路，都是在 Freq. Sch 原理图文件中完成的，此时我们已经得到了频率计的整机电路原理图，如图 3-1 所示。

3.1.1 创建网络表文件

打开原理图文件 Freq. Sch，执行菜单命令"Design | Create Netlist…"，弹出如图 3-2 所示"Netlist Creation"对话框，保持默认设置并单击"OK"确定，即得到网络表（Netlist）文件 Freq. Net。注意由 Protel 自动生成的文件，全部使用与原理图相同的文件主名 Freq，如果将频率计的设计制作看做一个项目（Project），那么主名相同而扩展名不同的文件组为该项目的一系列文件，如 . Sch 表示原理图文件，. Net 表示网络表文件等。

3.1.2 网络表文件包含的内容

网络表文件（局部）与元件属性编辑对话框如图 3-3 所示。建好的 Freq. NET 网络表文件如图 3-3a、b 所示，其中包含两大部分内容：由方括号［ ］包含的部分和由圆括号（ ）包含的部分，下面逐一分析介绍。

1. 由方括号［ ］包含的部分表示对原理图中元件的描述

每一个元件大致包含三个部分，以对元件 R1 的描述为例："R1"表示原理图当中的编号为 R1 的电阻，或称其为第一支电阻；"AXIAL0. 4"表示该支电阻使用的封装名称，以上两项不可为空；"RES2"即为元件属性编辑时"Part"中赋予的值（可忽略不写）。多数情况下对于电阻、电容、电感等应填入阻值、容量、电感量，对于集成电路、二极管、三极管填入其型号。这里对电阻 R1 并未赋予其阻值，而是使用了原理图元件的默认参数"RES2"是允许的，如图 3-3c 所示。

对于网络表中的元件，要学会做初步的检查，注意以下几点：

1）方括号包含三行文字，第一行、第二行不可为空。

2）对原理图使用的元件要做到心中有数，绘制时"designator"的命名不可出现重复，如果原理图中有两支电阻都被命名为"R1"，则在网络表中只列出一支，将会在今后的操作中出现严重的问题，这也是读者在编辑原理图时经常会犯的错误。

3）第二行封装"Footprint"必须填写正确，如图 3-3a 所示"LED1"的封装为空（此元件为数码管显示模块），则应回到原理图对该元件属性进行重新编辑（如填写封装为 LED7/3），切记：此时一定要重新使用菜单命令"Design | Create Netlist…"更新 Freq. NET 文件才可以得到新的网络表文件。

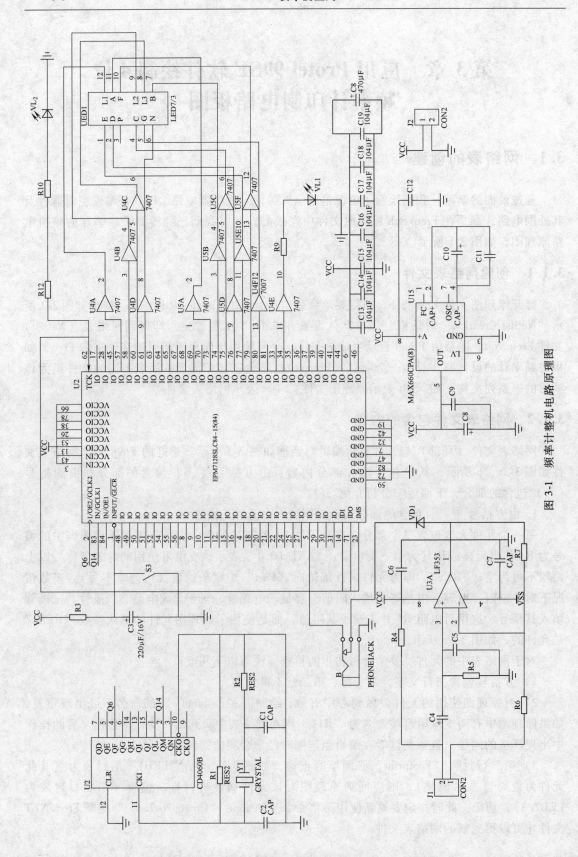

图 3-1 频率计整机电路原理图

2. 由圆括号 ( ) 包含的部分表示对原理图中 "Net" 的描述

第一组表示一个 "Net" 连接。如:

(

NetY1_2   表示 "Net" 的名称,此名称如用户没有特殊定义,由软件随机给出

C1-1   电容 C1 的 "1" 号引脚

R2-1   电阻 R2 的 "1" 号引脚

Y1-2   晶体振荡器 Y1 的 "2" 号引脚

)

以上说明所给出的引脚是相连的,所以当 "Net" 名称相同时则引脚相接。如原理图中有由用户定义的两个 "Net": "Q6" 和 "Q14"。

"Net" 网络表文件是使原理图与 PCB 图相联系的纽带,因此编辑原理图就显得尤为重要。

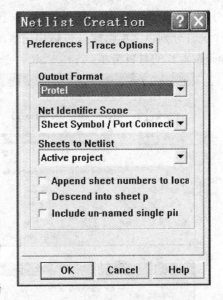

图 3-2   "Netlist Creation" 对话框

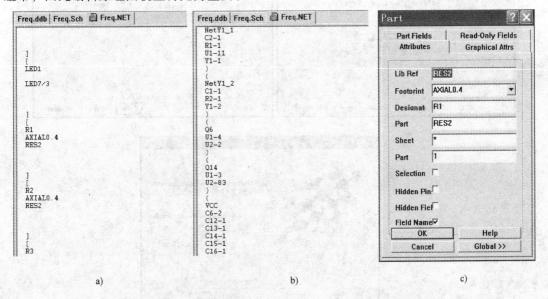

图 3-3   网络表文件(局部)与元件属性编辑对话框

3.1.3   材料清单的生成

执行菜单命令 "Reports | Bill of Material" 生成材料清单;

执行菜单命令 "Reports | Design Hierarchy" 生成项目层次报告;

执行菜单命令 "Reports | Cross Reference" 生成交叉参考报告;

执行菜单命令 "Reports | Netlist Compare" 生成网络比较报告文件。

以上操作均由 Protel 软件自动完成,生成与项目文件相同主名、不同扩展名的若干文件,各自有其特殊的用途,试着执行这些命令,得到的文件能看懂多少? 它们各有什么用途?

例如:执行菜单命令 "Reports | Bill of Material",每一步按如图 3-4 所示的操作步骤,

分别进行图 3-4a、图 3-4b、图 3-4c、图 3-4d、图 3-4e 的操作，生成 Freq. Bom、Freq. CSV 两个文件分别以文本格式（可以用记事本软件打开）、逗号分隔符文件格式（可以用 Office Excel 编辑）的材料清单。

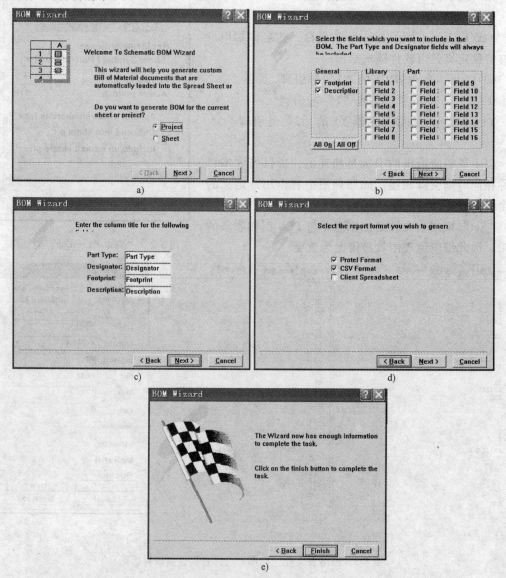

图 3-4　生成材料清单操作步骤

知识扩展与提高

1. 执行菜单命令 "Reports ｜ Bill of Material" 生成材料清单；执行菜单命令 "Reports ｜ Design Hierarchy" 生成项目层次报告；执行菜单命令 "Reports ｜ Cross Reference" 生成交叉参考报告；执行菜单命令 "Reports ｜ Netlist Compare" 生成网络比较报告文件。总结操作步骤，分析生成的文件、得出各自报告文件的特殊用途。

2. 我们使用过的封装元件有：

普通电阻封装：aixal0.3 ~ 1.0；

无极性电容器封装：rad0.1 ~ 0.4；

有极性电容器封装：rb.2/.4、rb.3/.6、rb.4/.8 或 rb.5/1.0；

16 引脚双列直插式集成电路封装：dip16；

8 引脚双列直插式集成电路封装：dip8；（则 n 引脚双列直插式集成电路封装：dipn）

晶体振荡器封装：使用电容封装的 rad0.3；

2 引脚插件：sip2；（若为 n 引脚插件，其封装为：sipn）。

以上封装元件在图 3-5 中列出。

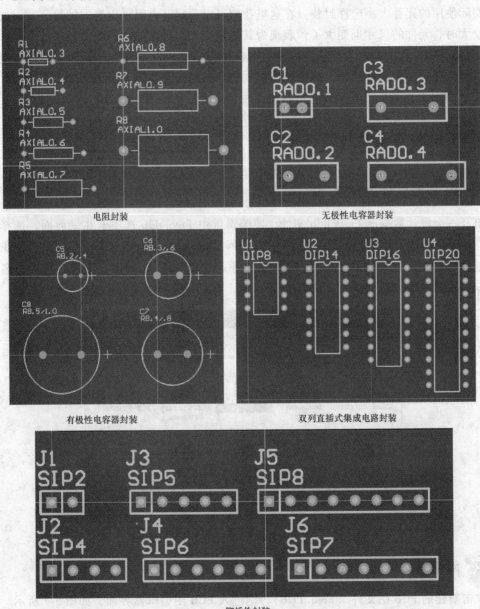

图 3-5　元件封装图

图中所列各元件封装是在 PCB 图编辑器中放置的，设计环境与原理图设计环境有很大不同：

1）首先编辑器背景颜色默认为黑色。

2）其次每个元件都由黄色的线条和焊盘组成。黄色线条大致规定了元件的边界范围，即元件在 PCB 上所占空间的大小，如电容器和插件封装；焊盘则代替了原理图元件中的引脚。

3）还有电阻、电容器元件的封装软件给出若干个，由用户选用，因为 PCB 图与原理图不同，它是真的要在电路板上焊接元件，不同功率的电阻、不同容量的电容器大小不同，要根据实际使用的元件大小选择封装。在这里我们可以看到，电阻、电容器的封装，当选择的数字变大时，元件的尺寸也变大了，表现为其体积变大，焊盘的间距变大。

4）晶体振荡器的封装为什么可以使用电容封装中的 rad0.3 呢？这是因为晶振与电容都是两引脚元件，根据测量结果，晶振的体积大小、引脚间距与 rad0.3 尺寸接近。

关于 PCB 图的编辑及封装元件的详细说明将在今后的内容中学习。

3.2 PCB 图与元件封装

3.2.1 PCB 图文件的创建

打开一个设计数据库 Freq.ddb 文件，使编辑区中 Freq.ddb 选项卡在最前面，选择菜单命令 "File ｜ New"，出现如图 3-6 所示的 "New Document（新建文件）" 对话框。在对话框中选择 图标，单击 "OK" 按钮即可新建一个 PCB 图（.PCB）文件，文件主名定义为 Freq，保持扩展名不变。

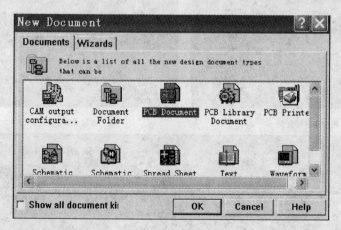

图 3-6　"New Document（新建文件）" 对话框

3.2.2 网络表文件的装载

双击新建的 PCB 图文件（Freq.PCB），则进入 PCB 图编辑器界面，如图 3-7 所示。

从图 3-7 中可以看到，设计管理器又发生了变化，Browse 选项卡变成了 "Browse PCB"。在 Protel 中，不同的编辑器，设计管理器都会有所不同。

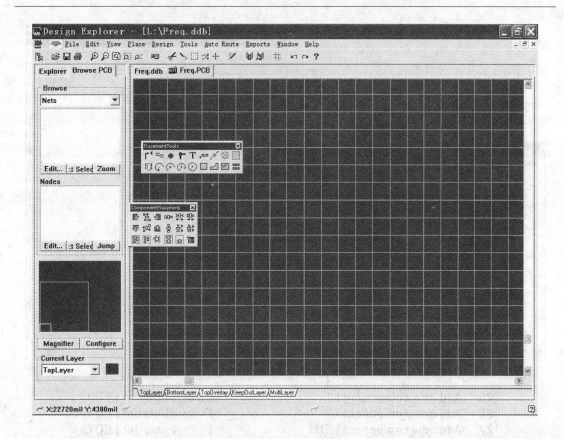

图 3-7　PCB 图编辑器界面

我们需要调入网络表并检查错误（Errors），如图 3-8 所示。具体方法是选择菜单命令
"Design ｜ Load Nets…"，出现 "Load/Forward Annotate Netlist" 对话框，在对话框中单击
"Browse…" 按钮（图 3-8a），选择本项目的网络表文件（图 3-8b）。单击 "OK" 按钮，则
在 "Load/Forward Annotate Netlist" 对话框中列出本项目包含的所有元件及 "Net" 连接，遗
憾的是在对话框的下部会看到这样的提示：**60 errors found**，这说明在对网络表文件做了初
步的检查后还是有错误，这样的网络表文件是不可以用的。

拖动窗口中的滑块，可以发现与元件有关的 "Error"，即与 "Add new component…"
有关的错误与元件 L1、L2、LED1、S3、U2 有关，如图 3-8c 所示，这是因为编辑原理图输
入的元件封装 "Footprint"，在 PCB 图的封装库中并不存在，它们是要由用户绘制的，就像
编辑原理图时，用户在找不到元件时自行绘制原理图元件的道理是一样的。这时只能单击
"Cancel" 铵钮退出装载网络表文件的操作。

3.2.3　用户绘制元件封装

1. 新建 PCB 图封装元件库文件（*.lib）

回到设计数据库文件 Freq.ddb，选择菜单命令 "File ｜ New"，在出现的对话框中选择
图标，单击 "OK" 按钮即可新建一个 PCB 图封装元件库（.lib）文件，文件主由用户
定义，保持扩展名不变。注意：尽管文件的扩展名均为 .lib，但原理图元件库与 PCB 图封装

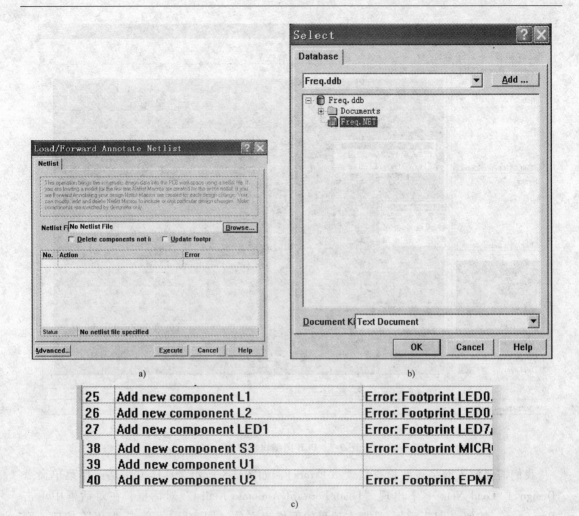

图 3-8　调入网络表并检查 Errors

元件库是完全不同的两类文件，不可以混淆。双击新建的封装元件库文件，进入如图 3-9 所示封装元件编辑器界面，注意设计管理器又发生了怎样的变化。

2. 绘制发光二极管封装 LED0. 1

1）将设计管理器中默认的一个空元件"PCBCOMPONENT_ 1"改名为"LED0. 1"。操作方法：单击设计管理器中的"Rename..."按钮，在弹出的窗口中输入名称即可。

2）放置封装元件的焊盘：选择使用如图 3-10 所示"PCBLibPlacementTools"工具栏中的 ⬤ 工具，在坐标原点位置放置第一个焊盘，在坐标 X：100mil Y：0mil 位置放置第二个焊盘。

3）编辑焊盘属性：双击第一个焊盘，在弹出的"Pad"对话框中将其"Designator"设置为 A，即焊盘的名称为 A，将第二个焊盘的名称设置为 K。

4）绘制图形部分：选择使用"PCBLibPlacementTools"工具栏中的 ≋ 工具，按如图 3-11 所示在"TopOverLayer"层绘制若干线条，所得线条默认应为黄色，如为其他颜色，则说明没有在规定的"层"上进行。

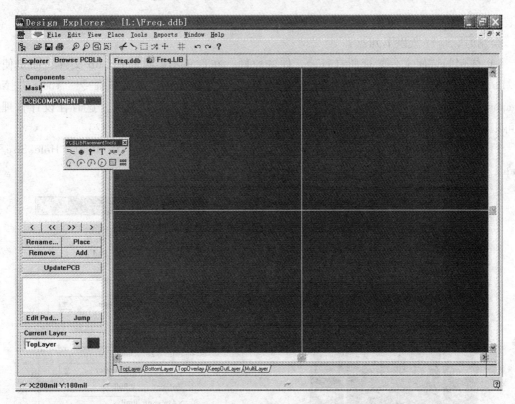

图 3-9　封装元件编辑器界面

切记：完成后按工具栏上的保存按钮保存。

此时，如回到 Freq. PCB 编辑界面，进行装载网络表的操作，执行菜单命令 "Design ｜ Load Nets. . ."，可以看到与 L1、L2 元件有关的错误被纠正了。

3. 绘制七段数码显示模块封装 LED7/3

由于其他的错误仍然存在，所以我们需要继续完成一系列所需封装元件的绘制。按如图 3-12 所示绘制新的

图 3-10　"PCBLibPlacementTools"
工具栏

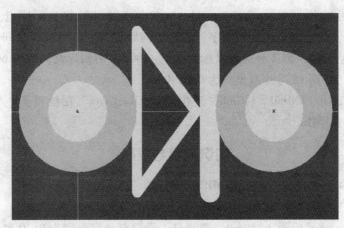

图 3-11　发光二极管封装图

封装元件，将其命名为 LED7/3。

绘制时，应注意以下几点：

1）依照封装库文件管理所有封装元件的原则，在这里不需再新建 .lib 文件，而是使用在 .lib 文件中新建新元件的方式增加 LED7/3 封装。方法为：选择菜单命令"Tools ｜ New Component"，在弹出的新建元件向导对话框中单击"Cancel"按钮退出，这时在设计管理器中可以看到新建的封装元件"PCBCOMPONENT_1"，将其更名为"LED7/3"。

2）元件一共 12 个焊盘，尺寸均为 X-Size 为 100mil、Y-Size 为 50mil、Hole Size 为 25mil，LED7/3 焊盘属性设置如图 3-13 所示。

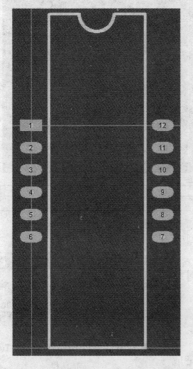

图 3-12　七段数码显示模块封装 LED7/3

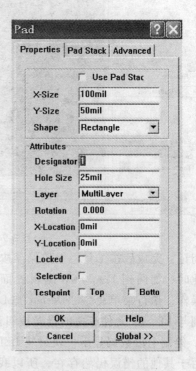

图 3-13　LED7/3 焊盘属性设置

第 1 号焊盘为矩形（Shape 为 Rectangle），且务必将其放在坐标原点上。其余为圆形（Shape 为 Round），注意焊盘的排列顺序，它们的间距尺寸为：单侧焊盘间距 100mil（即如果 1 号焊盘坐标为 0，0，则 2 号焊盘坐标为 0，−100），两侧焊盘间距为 600mil（即如果 1 号焊盘坐标为 0，0，则 12 号焊盘坐标为 600，0）。

3）中间图形部分 1500mil × 440mil，请在"TopOverLayer"层绘制。

4）别忘记保存操作。

知识扩展与提高

绘制如图 3-14 所示按钮元件封装 MICRO-AN。

1）焊盘尺寸：X-Size 为 50mil、Y-Size 为 100mil、Hole Size 为 28mil。

2）焊盘间距：水平间距：240mil，即两只 1 号焊盘坐标分别为 0，0 和 240，0；垂直间距：180mil，即坐标为 0，0 的 1 号焊盘正下方的 2 号焊盘坐标为 0，−180。

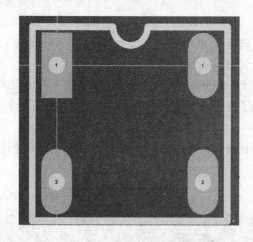

图 3-14　按钮元件封装 MICRO-AN

3.3　装载正确的网络表文件

在 3.2 中绘制封装元件时，我们将一个元件从无到有，先放焊盘再画简单图形得到所需

元件。Protel 是自带封装元件库的，仅仅
是不够丰富，而往往不足以满足用户的
要求，但是很多自带的元件与用户所需
元件类似，用户可以在已有元件上进行
修改，供自己使用，这要比凭空绘制简
单得多。

3.3.1　元件封装的修改方法

1. 找到修改后可得到 "EPM7128"
的封装元件

打开 Freq. PCB 文件，进入 PCB 图编
辑状态。单击设计管理器 "Browse" 中
的下拉箭头，打开如图 3-15a 所示菜单，
在其中选择 "Libraries"，则进入库的浏
览（Browse）状态，其中已加载默认封
装库 PCB Footprints. lib。在元件区中找到
"PGA84X13" 元件单击，图形区中可看
到元件符号，如图 3-15b 所示。我们使用
的 PLD 器件 EPM7128SLC84-15（84）的
封装 "EPM7128" 可由对该元件进行修
改后获得。

2. 将 "PGA84X13" 封装元件复制
到用户封装库（Freq. lib）中

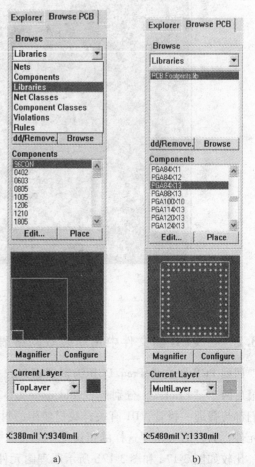

a)　　　　　　　b)

图 3-15　在 PCB 图编辑器中进行封装元件库的浏览

　　单击设计管理器元件（Components）区中的"Edit..."按钮，系统将进入对 Protel 自带库文件进行编辑的状态。选择菜单命令"Edit ｜ Copy Component"，复制该元件，将 Protel 自带库文件关闭，尽量不要对其进行任何修改。

　　回到用户封装库文件 Freq. lib 的编辑器窗口，执行菜单命令"Edit ｜ Paste Component"，则可看到元件列表中粘贴了一个新的元件"PGA84X13"，将其更名为"EPM7128"。

　　3. 对元件进行修改

　　对元件焊盘编号按如图 3-16 所示的 EPM7128 元件引脚图进行修改，获得所需封装元件，并执行保存操作。

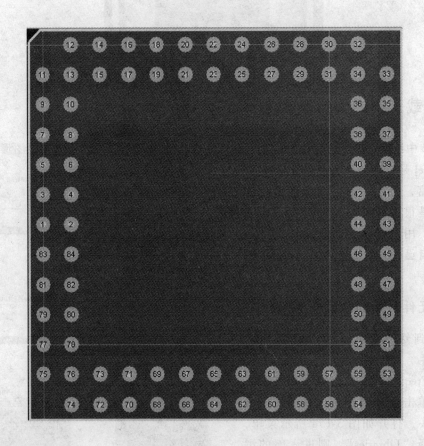

图 3-16　EPM7128 元件引脚图

3.3.2　在 PCB 图文件中重新装载网络表

　　回到 PCB 图文件 Freq. PCB 编辑器窗口，执行菜单命令"Design ｜ Load Nets..."，还剩最后两个"Errors"，分别是"Add node D1-2 to net..."和"Add node D1-1 to net ..."。它们都与普通二极管 VD1 有关，我们使用的封装为 DIODE0.4，显然封装库中存在相同名称的元件，为什么会出现这样的错误呢？

　　比较如图 3-17a 和图 3-17b 所示原理图元件和封装元件符号可知，原理图元件两引脚号分别为 1（阳极）和 2（阴极），而封装元件的焊盘名称却为 A 和 K，它们是不对应的。让它们产生对应的方法很简单，即将默认封装库中的元件 DIODE0.4 复制到用户库中，按如图 3-17c 所示对普通二极管元件封装的处理，修改焊盘名称就可以了。

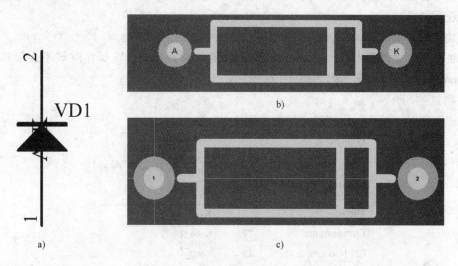

图 3-17　普通二极管元件封装的处理

3.3.3　装载网络表

完成前面操作后，我们在用户封装元件库中增加并保存了经修改后获得的 EPM7128 和普通二极管封装元件，这时在 PCB 图文件中重新装载网络表就不会出现错误了，从窗口下方可以看到 All macros validated 提示，这时单击"Execute"按钮完成元件的装载。元件装载完毕后的编辑器窗口如图 3-18 所示。

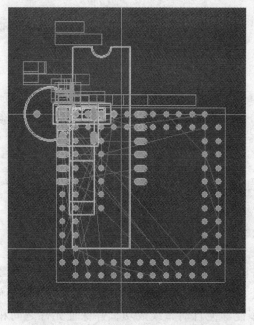

图 3-18　元件装载完毕后的编辑器窗口

知识扩展与提高

在设计管理器中浏览"Components"和"Nets",元件装载完毕后可以对元件列表和连接列表进行浏览。

1. 浏览"Components"

曾经在设计管理器中进行"Libraries"的浏览,对元件的浏览操作应该不会很难,对元件"Components"的浏览结果如图 3-19a 所示。

2. 浏览"Nets"

同样进行对"Nets"的浏览,结果如图 3-19b 所示。

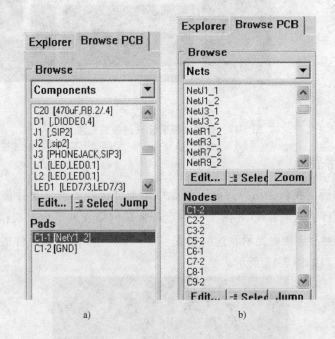

图 3-19　在设计管理器中浏览"Components"和"Nets"

注意列表中的内容,它们和网络表文件有着密切的关系,可以理解为网络表文件是联系原理图与 PCB 图的纽带。

3.4　元件的布局调整

3.4.1　元件布局要求

完成装载网络表文件的操作后,在 PCB 图文件中所有元件被叠在一起放置,这时需要将各元件之间的间距拉开,以便真正在印制电路板上将元件一一码放,也就是说首先要把元件们"推"开。接着为了能够使自动布线成功,并保证元件之间相互干扰最小,元件在印制电路板上的"摆放"是有要求的。

1）PCB 图中的元件应按照电路功能模块布局。

2）PCB 图中所有元件布局至离边缘 3mm 以内。

3）应从系统要求有特定位置的元件开始布局，然后进行大元件和特殊元件布局，特殊元件应做专门布局。

4）PCB 图中高频元件之间连线尽可能短。

5）元件之间易受干扰，不能距离太近。

6）PCB 图中的输入与输出元件间距尽可能大。

以上是重点要求，尚有其他要求，在此不逐一叙述。

3.4.2　"推开" 元件操作

进入 Freq. PCB 文件编辑界面窗口，执行菜单命令 "Tools ｜ Auto Placement ｜ Set Shove Depth..."，在弹出如图 3-20a 所示的对话框中填入 30（读者可自行观察当此值改变时会发生什么的布局效果），单击 "OK" 按钮确定。执行菜单命令 "Tools ｜ Auto Placement ｜ Shove"，这时鼠标变为十字标，在元件上单击鼠标左键，在弹出的菜单中选择任意元件（最好是该印制电路板的核心元件）再次单击鼠标左键，软件将以所选元件为中心将其他元件按所设间距 "推开"，我们也可以称该操作为 "打散" 操作，结果如图 3-20b 所示，此时元件在印制电路板上的摆放是随机的。

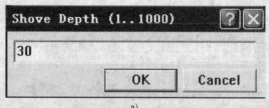

a)

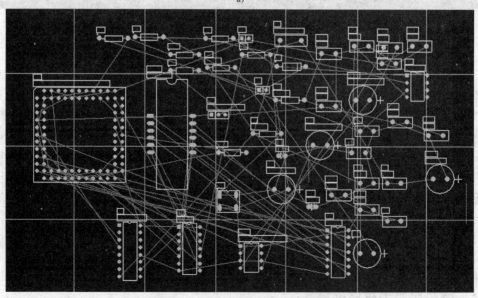

b)

图 3-20　元件 "推开" 操作

3.4.3　元件的手工布局

用鼠标点选各元件，按如图 3-21 所示进行人工放置、手工布局。

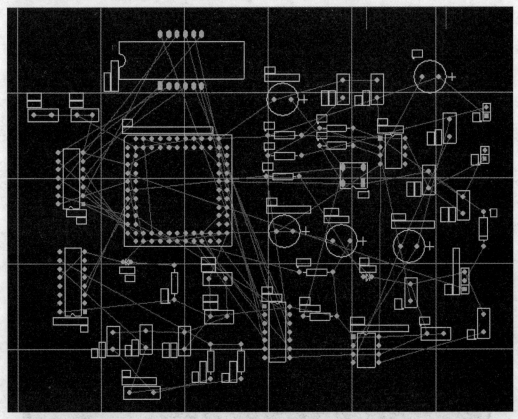

图 3-21　手工布局结果图

知识扩展与提高

在应用 shove 工具将元件"推开"时，可能会发现元件不是像你想的那样四散开来，而是几乎不做任何移动，这时应如何处理呢？我们可以用鼠标点选体积比较大的元件，如集成电路等特殊器件，用手工布局的方式将它们从元件集中的位置移开，这时再应用 shove 工具完成"打散"操作，当所有元件不出现重叠时，它们应全部显示为黄色。当电阻或电容器件使用相同封装时，会出现多个元件叠置在一起，看似一只器件，显示为绿色，这是向用户提示仍有未完全分开的器件，即需要继续进行布局操作。

3.5　自动布线操作

3.5.1　规定印制电路板边框

元件布局完成以后，即可开始自动布线的操作，自动布线前需规定印制电路板边框。印制电路板边框要根据装机要求，按实际印制电路板大小设定。

绘制边框需在"KeepOutlayer"层进行，选择使用"PCBLibPlacementTools"工具栏中的 ≋工具来规定印制电路板边框，结果如图 3-22 所示，在"KeepOutlayer"层绘制的边框默认为粉红色。

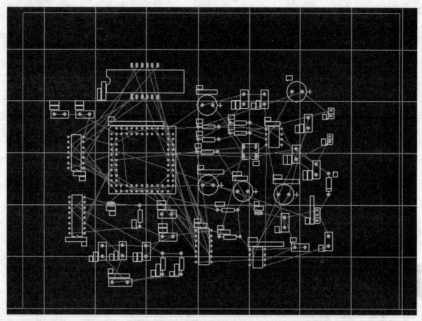

图 3-22　规定印制电路板边框

3.5.2　布线规则设置

选择菜单命令"Design | Rules…"，打开如图 3-23 所示"Design Rules"对话框。拖动"Rule Classes"区中的滑动条，其中"Clearance Constraint"、"Routing Layers"、"Routing Via

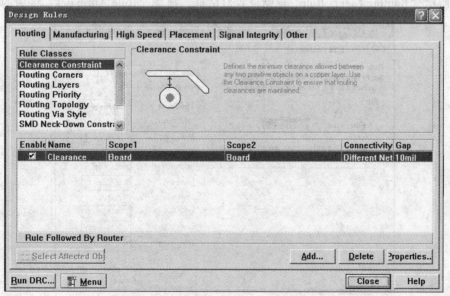

图 3-23　"Design Rules"对话框

Style"和"Width Constraint"项是需要用户对默认值进行修改的。

1. 安全距离设定

点选"Rule Classes"区中的"Clearance Constraint"项，双击已存在的规则（Rule），弹出如图 3-24 所示"Clearance Rule"对话框，修改"minimum clearance"的值，如 12mil，单击"OK"确定。

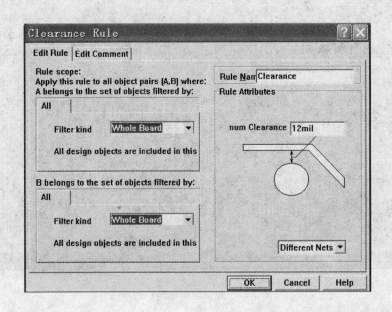

图 3-24   "Clearance"规则设置对话框

2. Top 和 Bottom 层布线方向设定

点选"Rule Classes"区中的"Routing Layers"项，双击已存在的规则（Rule），弹出如图 3-25 所示"Routing Layers Rule"规则设置对话框，拖动"Rule Attributes"区中的滚动条，

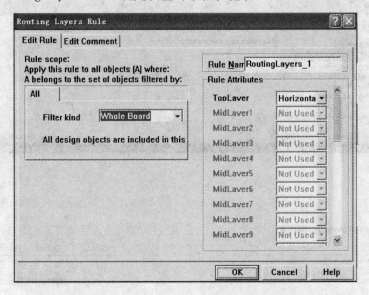

图 3-25   "Routing Layers"规则设置对话框

可以看到 TopLayer ［Horizonta］ 和 BottomLayer ［Vertical］ 的提示，是指默认时"TopLayer"层水平（Horizontal）布线、"BottomLayer"层垂直（Vertical）布线。如需修改，单击右侧下拉箭头即可选择不同布线方向。

3. 过孔形式设定

当 Top 和 Bottom 层需要在印制电路板某处连接时，布线时软件会自动放置过孔，点选"Rule Classes"区中的"Routing Via Style"项，可以对过孔的尺寸进行设置。

4. 布线线宽设定

点选"Rule Classes"区中的"Width Constraint"项，双击已存在的规则（Rule），弹出如图 3-26 所示"Max-Min Width Rule"线宽规则设置对话框，可以看到此规则是针对整个印制电路板的（Filter kind 为 Whole Board）。在"Rule Attributes"区中设置线宽，由三个值确定设置："Minimum Width"最小线宽、"Maximum Width"最大线宽、"Preferred Width"首选线宽。根据需要三个值可以设置为相同值，也可根据"最小线宽 < 首选线宽 < 最大线宽"的原则给出不同值，如"Minimum Width"为 12mil、"Maximum Width"为 20mil、"Preferred Width"为 15mil，单击"OK"确定。

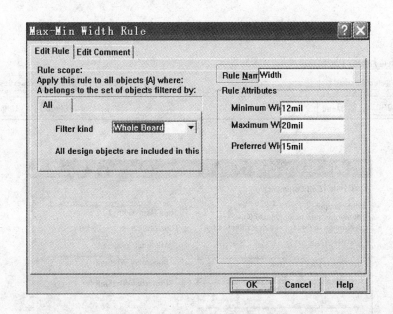

图 3-26　"Max-Min Width"线宽规则设置对话框

进行布线线宽设置时，对电源 VCC、VSS 及地 GND 往往有特殊要求，如为使印制电路板供电正常或要求地线面积足够大以保证印制电路板的抗干扰能力，它们的线宽有时会比之前的设置值要大，这时就需要增加相应的布线线宽规则，如图 3-27 所示。在如图 3-27a 所示对话框中单击"Add…"按钮，接着单击 Filter kind ［Whole Board］ 右边的下拉箭头，选择"Net"，继续通过下拉箭头选择"GND"，设置其布线线宽规则，如图 3-27b 所示，单击"OK"按钮确定。

接着为电源 VCC、VSS 设置布线线宽规则，设置结果如图 3-27c 所示。

规则设置完成后单击"Close"按钮关闭窗口。

3.5.3　完成自动布线

执行菜单命令"Auto Route ｜ All..."，弹出如图 3-28a 所示对话框，单击"Route All"按钮，自动布线操作完成提示如图 3-28b 所示，布线结果如图 3-28c 所示。

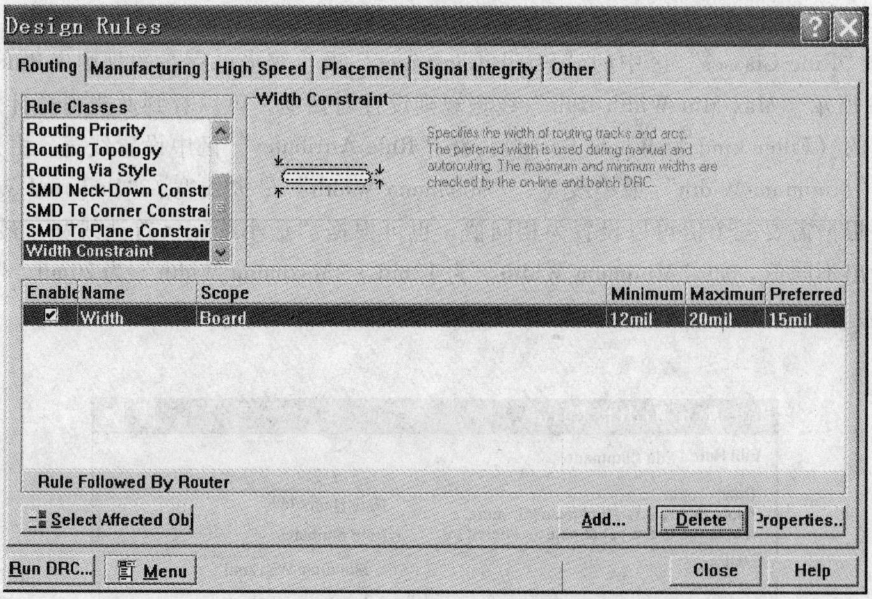

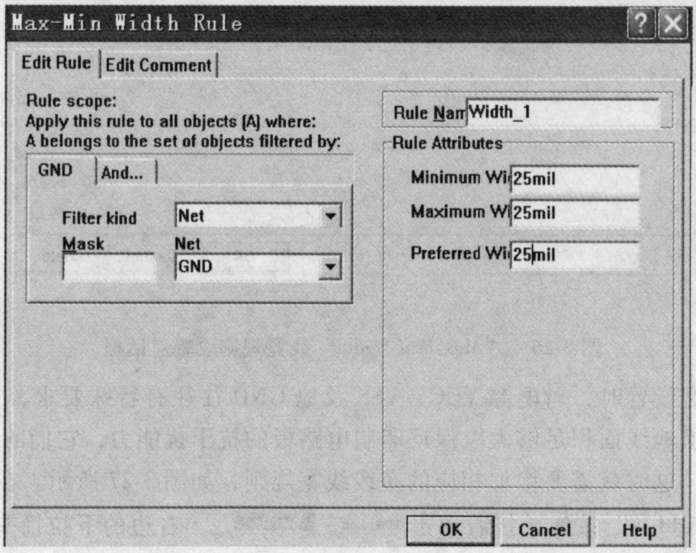

图 3-27　增加布线线宽规则

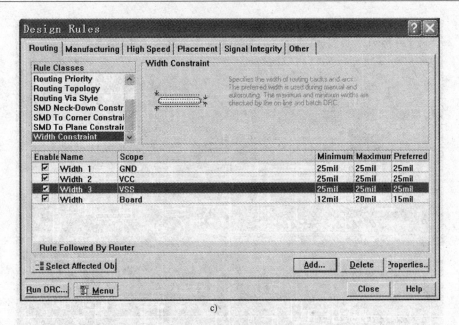

c)

图 3-27　（续）

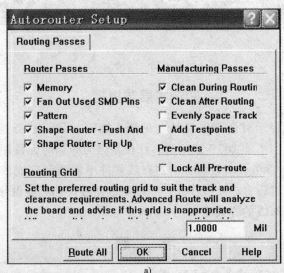

a)

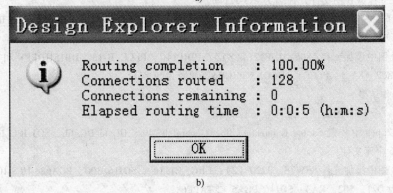

b)

图 3-28　布线结果

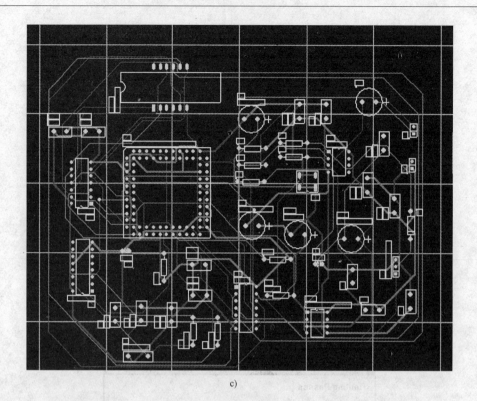

c)

图 3-28　（续）

知识扩展与提高

自动布线操作完成提示对话框出现时（见图 3-28b），切记检查是否为 100% 布线成功（Routing Completion）。当不能 100% 成功时，往往是因为布局时元件距离较小，而同时设定的各布线规则（Rules）取值相对较大，个别布线软件不能顺利完成。这时，最简单的方法是调整元件疏密，重新进行自动布线操作。当印制电路板尺寸不能做修改，元件间距不能再拉大时，可以通过手工布线的方式完成。

习　　题

3.1　新建一个 PCB 图文件，命名为 ex3-1. pcb。

1）在 ex3-1. pcb 中装载 PCB Footprints. lib、Modified DIL. lib、Newport. lib、Chip Carrier IPC. lib、D Type Connectors. lib 和 2.16mm Connectors. lib 六个库文件。

2）向 PCB 图中添加元件 1808、DIP22L（S）、NPDIP14C、PLCC/R-18、DB15HDPFV 和 RIBB14SV，依次命名为 C1、ZC2、KW3、PLCC4、DCON5 和 CH6，如图 3-29 所示。

3）保存操作结果。

3.2　新建一个 PCB 图文件，命名为 ex3-2. pcb。

1）在 ex3-2. pcb 中装载 Santec Connectors. lib、General IC. lib、DC to DC. lib、SOJ IPC. lib、PGA. lib 和 Tapepak. lib 共 6 个库文件。

2）向 PCB 图中添加元件 SSW7S、2220（2）、ERG_E1118 、SOJ16/300、PGA68_10×10 和 TAPE372_15，依次命名为 Q21、S62、KA3、SOJ4、PGA5 和 TAPE6。

3）保存操作结果。

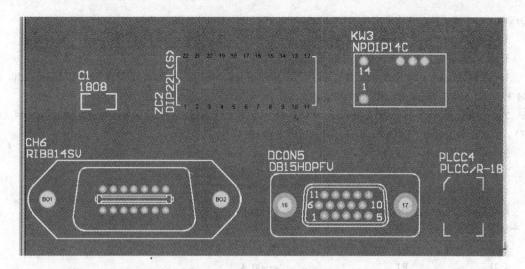

图 3-29　PCB 图文件 ex3-1. pcb

3.3　新建一个 PCB 图文件，命名为 ex3-3. pcb。

1）在 ex3-3. pcb 中装载 Transformers. lib、Socket Connectors. lib、PGA. lib、1394 Serial Bus. lib、Tapep-ak. lib 和 SSQFP&QFP Square11PC. lib 六个库文件。

2）向 PCB 图中添加元件 TRF EI48_2、STOCK05H、PGA81_9 × 9、SSOP56-9. 65、TAPE 188_15 和 SQFP5 × 5-48（N），依次命名为 TRF1、STO2、PGA3、IC4、IC5 和 IC6，如图 3-30 所示。

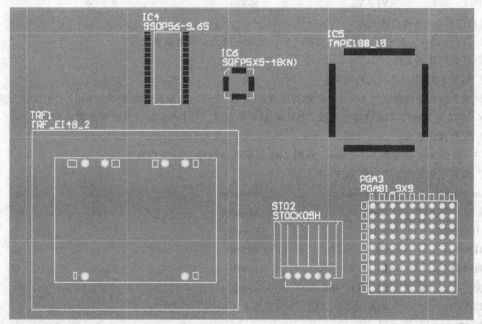

图 3-30　PCB 图文件 ex3-3. pcb

3）保存操作结果。

3.4　新建一个 PCB 图文件，命名为 ex3-4. pcb。

1）在 ex3-4. pcb 中装载 5. 08mm 1 Row Connectors. lib、208-296 lead SQFP Square IPC. lib、Discrete IPC. lib、Connectors. lib、和 512-576 lead SQFP square IPC. lib 五个库文件。

2）向 PCB 图中添加元件 MKDS1_6R3-8、SQFP20 × 20-256（N）、2825PREC、DB9BSM、4516CHIP 和

SQFP44 × 44-568（T），依次命名为 ROW1、SQFP2、PREC3、CON4、C5 和 U6。

3）保存操作结果。

3.5　新建一个 PCB 图文件，命名为 ex3-5. pcb。

1）在 ex3-5. pcb 中装载 CQFP IPC. lib、Chip Carrier IPC. lib、General IC. lib、D Type Connectors. lib 和 304-392 lead SQFP Square IPC. lib 五个库文件。

2）向 PCB 图中添加元件 CQFP-52、PLCC-44、6032（2）、7227（2）、DB15FL 和 SQFP44 × 44-336（T），依次命名为 CQ1、PLCC2、NU3、GIC4、DC5 和 IPC6。

3）保存操作结果。

3.6　新建 PCB 图文件 ex3-6. pcb，对图 2-45 所示电路原理图制作 PCB 图。

1）编辑原理图中元件封装如下：

Part Type	Designator	Footprint
1M	R2	axial0. 4
1u	C1	rb. 2/. 4
4. 7k	R1	axial0. 4
4 HEADER	JP1	power4
10k	R3 ˙	axial0. 4
47u	C2	rb. 2/. 4
LED	VL1、VL2	led
MICROPHONE2	MIC	sip2
NPN	V1、V2	to-92a

提示：其中 led 为自建封装。

2）打开 ex3-6. pcb 文件，确定电路板边框，装载正确无误的网络表文件。

3）生成网络表文件。

4）如图 3-31 所示进行元件布局。

5）设置自动布线线宽为 25mil，电源和地线线宽为 35mil，最小安全间距为 15mil，Via 直径为 54mil，Via Hole 直径为 26mil，Top 层垂直布线、Bottom 层水平布线，用 Protel 的自动布线功能进行布线。

6）保存操作结果。

3.7　新建 PCB 图文件 ex3-7. pcb，对图 2-46 所示电路原理图制作 PCB 图。

1）编辑原理图中元件封装如下：

Part Type	Designator	Footprint
1k	R1	axial0. 4
4 HEADER	JP1	power4
74LS00	U2	DIP14
74LS163	U1	DIP16
500	R2、R3、R4、R5	axial0. 4
LED	VL1、VL2、VL3、VL4	led
SW-PB	S1	anniu

其中 led 和 anniu 为自建封装。

2）生成网络表文件。

3）打开 ex3-7. pcb 文件，确定印制电路板边框，装载正确无误的网络表文件。

4）如图 3-32 所示进行元件布局。

5）设置自动布线线宽为 20mil，电源和地线线宽为 30mil，最小安全间距为 15mil，Via 直径为 52mil，Via Hole 直径为 23mil，Top 层水平布线、Bottom 层垂直布线，用 Protel 的自动布线功能进行布线。

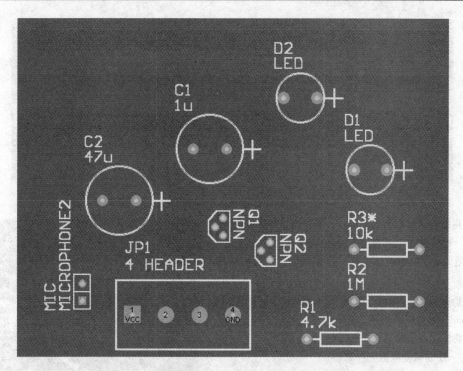

图 3-31　ex3-6.pcb 元件布局

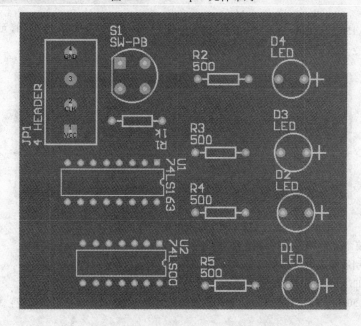

图 3-32　ex3-7.pcb 元件布局

6）保存操作结果。

3.8　绘制元件普通二极管元件封装。

1）在 ex3-8.lib 中创建如图 3-33 所示二极管元件封装。

2）Pads Size：62mil；Pads Hole Size：32mil；孔间距：400mil；两孔间图形尺寸任意，要求可体现出 1# Pad 为阳极，2# Pad 为阴极。

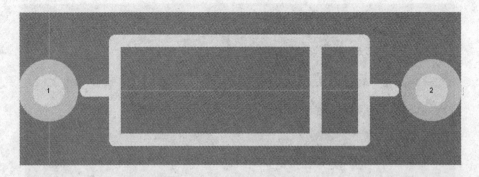

图 3-33 普通二极管元件封装

3）将新建封装命名为 diode1，保存操作结果。

3.9 绘制发光二极管元件封装。

1）在 ex3-9lib 中创建如图 3-34 所示发光二极管元件封装。

2）Pads Size：70mil；Pads Hole Size：32mil；孔间距：200mil；其他图形任意。

3）将新建封装命名为 led，保存操作结果。

3.10 绘制可变电阻元件封装。

1）在 ex3-10. lib 中创建如图 3-35 所示可变电阻元件封装。

2）Pads Size：150mil；Pads Hole Size：80mil；孔间距：5mm；外框任意。

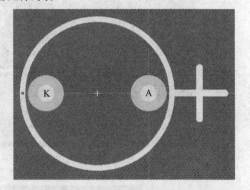

图 3-34 发光二极管元件封装

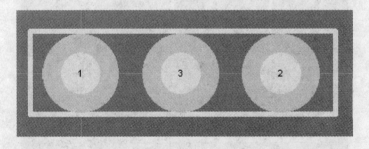

图 3-35 可变电阻元件封装

3）将新建封装命名为 RW，保存操作结果。

3.11 绘制 8 引脚集成电路封装。

1）在 ex3-11. lib 中利用向导创建如图 3-36 所示 8 引脚集成电路封装。

2）Pads Size：50mil；Pads Hole Size：32mil；同侧孔间距：100mil；两排引脚间距：300mil；其他参数默认。

3）将新建封装命名为 dip-8，保存操作结果。

3.12 新建 PCB 图文件 ex3-12. pcb，对图 2-50 所示电路原理图制作 PCB 图。

1）编辑原理图中元件封装，并生成网络表文件。

2）打开 ex3-12. pcb 文件，确定印制电路板边框，装载正确无误的网络表文件。

3）自动布局，手工调整。

4）设置自动布线线宽为 20mil，电源和地线线宽为 30mil，最小安全间距为 12mil，Via 直径为 53mil，

Via Hole 直径为 25mil，Top 层水平布线、Bottom 层垂直布线，用 Protel 的自动布线功能进行布线。

5）在印制电路板四角放置安装孔，孔径 150mil，在 Bottom 层铺地板层，与 GND 相接，其他参数默认。

6）保存操作结果。

3.13　新建 PCB 图文件 ex3-13.pcb，对图 2-51 所示电路原理图制作 PCB 图。

1）编辑原理图中元件封装，并生成网络表文件。

2）打开 ex3-13.pcb 文件，确定印制电路板边框，装载正确无误的网络表文件。

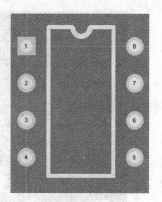

图 3-36　8 引脚集成电路封装

3）自动布局，手工调整。

4）设置自动布线线宽为 30mil，最小安全间距为 15mil，Via 直径为 54mil，Via Hole 直径为 21mil，Top 层垂直布线、Bottom 层水平布线，用 Protel 的自动布线功能进行布线。

5）在印制电路板四角放置安装孔，孔径 150mil，在 Bottom 层铺地板层，与 GND 相接，其他参数默认。

6）保存操作结果。

3.14　新建 PCB 图文件 ex3-14.pcb，对图 2-52 所示电路原理图制作 PCB 图。

1）编辑原理图中元件封装，并生成网络表文件。

2）打开 ex3-14.pcb 文件，确定印制电路板边框，装载正确无误的网络表文件。

3）自动布局，手工调整。

4）设置自动布线线宽为 20mil，电源和地线线宽为 30mil，最小安全间距为 15mil，Via 直径为 54mil，Via Hole 直径为 25mil，Top 层垂直布线、Bottom 层水平布线，用 Protel 的自动布线功能进行布线。

5）在印制电路板四角放置安装孔，孔径 150mil，在 Bottom 层铺地板层，与 GND 相接，其他参数默认，如图 3-37 所示。

6）保存操作结果。

3.15　新建 PCB 图文件 ex3-15.pcb，对图 2-53 所示电路原理图制作 PCB 图。

1）编辑原理图中元件封装，并生成网络表文件。其中稳压电源 UA7805K 封装：vr5。

2）打开 ex3-15.pcb 文件，确定印制电路板边框，装载正确无误的网络表文件。

3）自动布局，手工调整。

4）设置自动布线线宽为 20mil，电源和地线线宽为 30mil，最小安全间距为 15mil，Via 直径为 54mil，Via Hole 直径为 21mil，Top 层水平布线、Bottom 层垂直布线，用 Protel 的自动布线功能进行布线。

5）在印制电路板四角放置安装孔，孔径 150mil，在 Bottom 层铺地板层，与 GND 相接，其他参数默认。

6）保存操作结果。

3.16　新建 PCB 图文件 ex3-16.pcb，对图 2-54 所示电路原理图制作 PCB 图。

1）编辑原理图中元件封装，并生成网络表文件。

2）打开 ex3-16.pcb 文件，确定印制电路板边框，装载正确无误的网络表文件。

3）自动布局，手工调整。

4）设置自动布线线宽为 15mil，电源和地线线宽为 30mil，最小安全间距为 12mil，Via 直径为 55mil，Via Hole 直径为 22mil，Top 层垂直布线、Bottom 层水平布线，用 Protel 的自动布线功能进行布线。

5）在印制电路板四角放置安装孔，孔径 150mil，在 Bottom 层铺地板层，与 GND 相接，其他参数默认。

6）保存操作结果。

3.17　新建原理图文件，命名为 ex3-17.sch。

1）按图 3-38 所示绘制原理图，放置元件、连线、端口及网络标号等，并编辑原理图中元件封装如下：

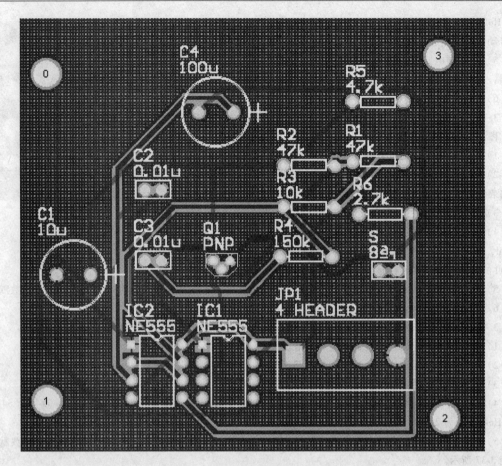

图 3-37　PCB 图文件 ex3-14. pcb

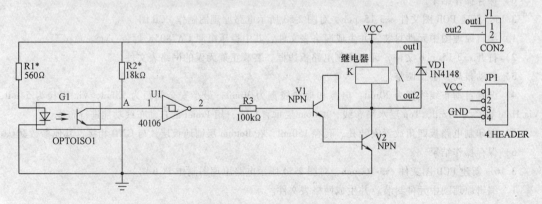

图 3-38　ex3-17. sch 原理图

Designator	Part Type	Footprint
VD1	1N4148	diode1
JP1	4HEADER	power4
R2 *	18k	axial0. 4
R3	100k	axial0. 4
R1 *	560	axial0. 4
U1	40106	DIP14

V1、V2	NPN	to-92a
G1	OPTOISO1	OPTOISO
K	继电器	根据实物外形自建封装

其中 diode1 和 OPTOISO 为自建封装。

2）建立网络表。

3）新建 PCB 图文件 ex3-17. pcb，确定印制电路板边框，装载正确无误的网络表文件。

4）如图 3-39 所示进行元件布局。

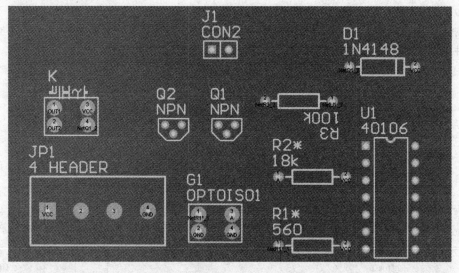

图 3-39　ex3-17. pcb 元件布局

5）设置自动布线线宽为 15mil，电源和地线线宽为 25mil，最小安全间距为 15mil，Via 直径为 53mil，Via Hole 直径为 22mil，Top 层垂直布线、Bottom 层水平布线，用 Protel 的自动布线功能进行布线。

6）保存操作结果。

3.18　新建原理图文件，命名为 ex3-18. sch。

1）按图 3-40 所示绘制波形发生电路原理图，放置元件、连线、端口及网络标号等，并正确编辑原理

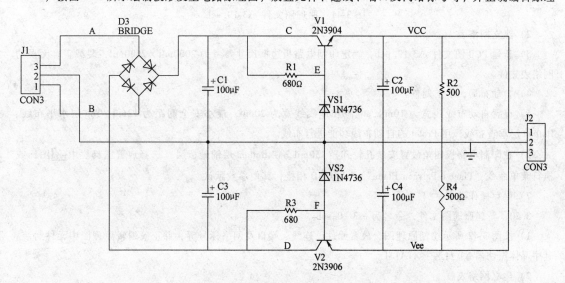

图 3-40　原理图文件 ex3-18. sch

图中元件封装。

2）建立网络表。

3）新建 PCB 图文件 ex3-18. pcb，确定印制电路板边框，装载正确无误的网络表文件。

4）自动布局，手工调整。

5）设置自动布线线宽为 20mil，电源和地线线宽为 40mil，最小安全间距为 15mil，使用单层电路板，用 Protel 的自动布线功能进行布线。

6）保存操作结果。

3.19 新建原理图文件，命名为 ex3-19. sch。

1）按图 3-41 所示绘制波形发生电路原理图，放置元件、连线、端口及网络标号等，并正确编辑原理图中元件封装。

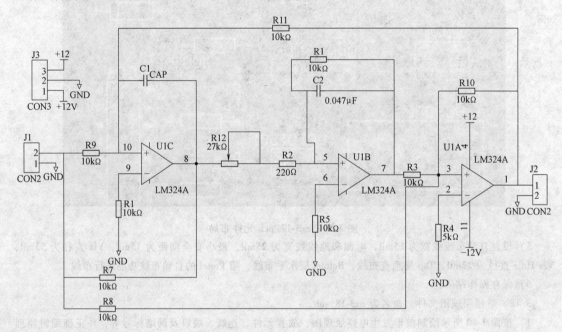

图 3-41 原理图文件 ex3-19. sch

2）建立网络表。

3）新建 PCB 图文件 ex3-19. pcb，确定印制电路板边框尺寸参考为 2000mil × 2500mil，装载正确无误的网络表文件。

4）自动布局，手工调整。

5）设置自动布线线宽为 10mil，电源和地线线宽为 20mil，最小安全间距为 12mil，Top 层水平布线、Bottom 层垂直布线，用 Protel 的自动布线功能进行布线。

6）在印制电路板四角放置安装孔，孔径 150mil，在 Bottom 层铺地板层（选择放置工具栏中图标或执行菜单命令 "Place | Polygon Plane"），与 GND 相接，其他参数默认。

7）保存操作结果。

3.20 新建原理图文件，命名为 ex3-20. sch。

1）按图 3-42 所示绘制原理图，放置元件、连线、端口及网络标号等，并正确编辑原理图中元件封装，其中晶体振荡器 X1 封装：XTAL-1。

2）建立网络表。

3）新建 PCB 图文件 ex3-20. pcb，确定电路板边框，装载正确无误的网络表文件。

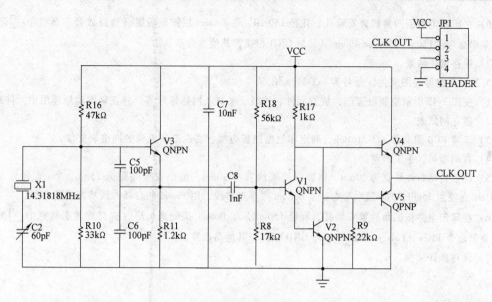

图 3-42　原理图文件 ex3-20. sch

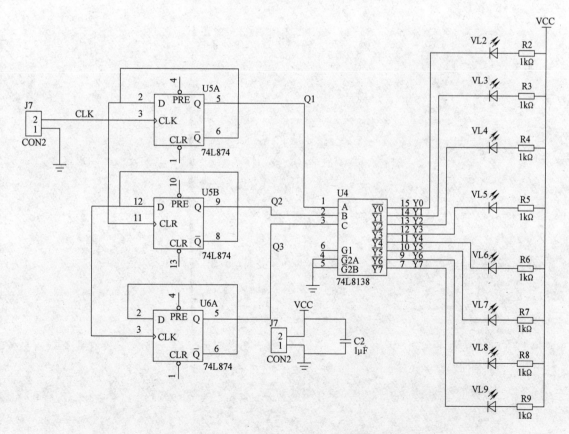

图 3-43　原理图文件 ex3-21. sch

4）自动布局，手工调整。

5）设置自动布线线宽为 15mil，电源和地线线宽为 25mil，最小安全间距为 15mil，Via 直径为 58mil，Via Hole 直径为 26mil，Top 层垂直布线、Bottom 层水平布线，用 Protel 的自动布线功能进行布线。

6）在印制电路板四角放置安装孔，孔径 150mil，在 Bottom 层铺地板层（选择放置工具栏中⎯图标或执行菜单命令 "Place | Polygon Plane"），与 GND 相接，其他参数默认。

7）保存操作结果。

3.21　新建原理图文件，命名为 ex3-21. sch。

1）按图 3-43 所示绘制原理图，放置元件、连线、端口及网络标号等，并正确编辑原理图中元件封装。

2）建立网络表。

3）新建 PCB 图文件 ex3-21. pcb，确定印制电路板边框，装载正确无误的网络表文件。

4）自动布局，手工调整。

5）设置自动布线线宽为 20mil，电源和地线线宽为 30mil，最小安全间距为 15mil，Via 直径为 53mil，Via Hole 直径为 26mil，Top 层水平布线、Bottom 层垂直布线，用 Protel 的自动布线功能进行布线。

6）在印制电路板四角放置安装孔，孔径 150mil，在 Bottom 层铺地板层（选择放置工具栏中⎯图标或执行菜单命令 Place | Polygon Plane），与 GND 相接，其他参数默认。

7）保存操作结果。

第 4 章　应用可编程逻辑器件设计和测试 4 位频率计

在仿真软件 Multisim 的学习中，我们以设计 4 位频率计的完整过程为例，在软件中对其各部分电路以及整合完成的总电路进行了充分的仿真与测试，认识其工作原理，并对所涉及的数字电路的相关知识有了更进一步的了解。在这里，我们将应用可编程逻辑器件（Programmable Logic Device，PLD）重新设计和测试其电路，完成所谓的"硬件实验"。

在学习 Multisim 的过程中，我们没有用一只真实的电路器件或一条真实的导线，测试仪器也都是由软件提供的，假设在实验中我们需要使用 10 台示波器，Multisim 也是轻易可以办到的，而在实验室中几乎是不可能的，所以我们可以称 Multisim 是"超级电子实验室"。在软件的仿真过程中我们也看到了软件运行的 1s 与真实的 1s 时长是不相等的，这是因为作为设计者更希望看到的是这"1s"中电路到底是如何工作的，所使用的软件要考虑到人眼观察事物的特殊性。我们可以称在 Multisim 中的仿真实验为"软件实验"。

在下面的学习中，我们会用真实的电路器件来完成 4 位频率计设计实验。当然不是简单地将所使用的集成电路、信号源、电阻、数码显示器等通过连接导线直接"搭"电路的方法来完成，而是使用可编程逻辑器件。

可编程逻辑器件是一种由用户根据自己的要求来构造逻辑功能的数字集成电路，和具有固定逻辑功能的 74 系列数字电路（我们使用过的 74LS160 计数器，它具有固定的逻辑功能）不同，PLD 本身没有确定的逻辑功能，就如同一张白纸或一堆积木，要由用户利用计算机辅助设计——原理图或硬件描述语言的方法来表示设计思想，经过编译和仿真，生成相应的目标文件，再由编程器或下载电缆将设计文件配置到目标器件中，PLD 就变成能满足用户要求的专用集成电路，同时还可以利用 PLD 的可重复编程能力，随时修改器件的逻辑功能而无须改变硬件电路。

其设计思路是：

1）首先要有一块空白的 PLD，它不具备任何的电路功能。

2）将能够充分在软件中进行仿真与测试的电路原理图通过编译生成可以"指挥"PLD 工作的目标文件。

3）将目标文件"下载"到 PLD，使其具有特殊的电路功能——4 位频率计。

遗憾的是我们在 Multisim 中所编辑的原理图不能直接通过编译，而是要在新的软件（Max + Plus Ⅱ）中将原理图重新绘制，并为了确保绘制正确，在通过仿真后方可编译下载。

4.1　熟悉 Max + Plus Ⅱ 基本界面

4.1.1　认识 Max + Plus Ⅱ

Max + Plus Ⅱ 启动界面如图 4-1 所示。

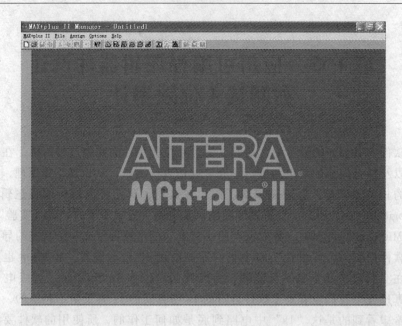

图 4-1　Max + Plus Ⅱ 启动界面

　　选择菜单命令"File ｜ New"，弹出设计输入方式选择窗口，如图 4-2a 所示。选择"Graphic Editor File"，单击"OK"按钮，打开原理图编辑器，进入原理图设计输入电路编辑状态，如图 4-2b 所示。

　　　　　a)　　　　　　　　　　　　　　　　　　　　　　b)

图 4-2　输入方式选择窗口和原理图编辑器

4.1.2　电路原理图的建立

　　1. 在原理图上放置元件

在原理图编辑器的空白处双击鼠标左键或单击鼠标右键在弹出的快捷菜单中选择"Enter Symbol"命令，出现如图 4-3a 所示"Enter Symbol"对话框。在"Symbol Name"中输入准确的元件名称或用鼠标点取"Symbol Files"中的所需元件，如"74160"，按下"OK"按钮即可输入元器件，如图 4-3b 所示。

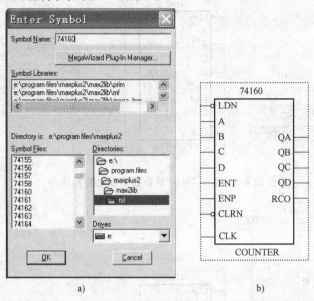

a)　　　　　　　　　　　　　　b)

图 4-3　元件选择窗口与放置后的 74160

如果需要放置相同元件，只要按住〈Ctrl〉键，用鼠标拖动所选中的元件复制到指定位置即可。

2. 放置电源和地及输入输出端口

同样，在原理图编辑器的空白处双击鼠标左键或单击鼠标右键在弹出的快捷菜单中选择"Enter Symbol"命令，弹出"Enter Symbol"对话框，在"Symbol Name"中输入 VCC 或 GND 即可。

一个完整的电路还应包括输入端口 INPUT 和输出端口 OUTPUT，放置完成后用鼠标双击端口名"PIN_NAME"，其端口名称变为可编辑状态，如图 4-4 所示，此时即可对其名称进行修改。图 4-5 所示为单片 74160 计数器原理电路元件安放结果。

图 4-4　编辑端口名称

3. 添加连线

把鼠标移到元件引脚附近，则鼠标光标自动由箭头变为十字连线状态，按住鼠标左键拖动，即可画出连线，松开鼠标左键则完成了一条连线。当所有连线完成时，电路原理图如图 4-6 所示。

4. 保存原理图

单击保存按钮图标，对于新建文件，出现类似文件管理器的图框，请选择保存路径和文件名称，原理图的扩展名为 .gdf。

应该说明的是：

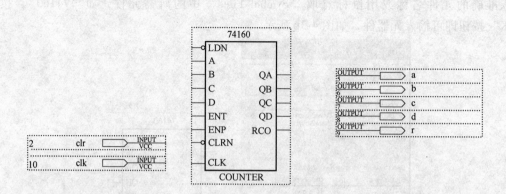

图 4-5　单片 74160 计数器原理电路元件

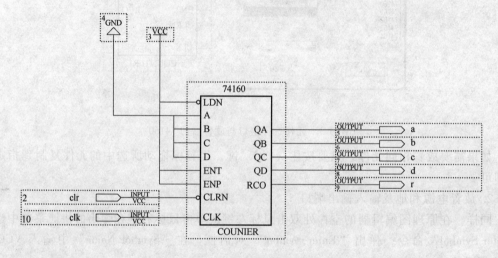

图 4-6　单片 74160 计数器电路原理图

1）Max + Plus Ⅱ对文件保存路径和文件名的要求是全部使用英文字母与数字，不得使用汉字，而且文件主名不得与 Max + Plus Ⅱ元件库中的元件名相同。

2）对于一个设计项目将包含几十个甚至上百个相关文件，所以设计者应在保存原理图文件之前建立专门的文件夹。

至此完成了电路原理图设计输入的整个过程。当然在使用时有很多技巧，这里不再做详细介绍，请参阅相关资料并在实际操作中体会其应用。

知识扩展与提高

1. 在 Multisim 的学习中我们已经学会了举一反三，如何由一位十进制计数器（单片 74160 计数器）通过级与级连接的方式并加入适当的电路芯片得到 0 ~ 99、0 ~ 999 最终得到我们需要的 0 ~ 9999 的 4 位十进制计数器（4 片 74160 组成）原理电路，请读者试着画出它们的原理图，并注意端口名称的命名规律，使自己绘制的原理图具有更强的可读性。部分参考电路如图 4-7 所示。两片 74160 的输出端导线的命名方式利用了"Net"，当导线的"Net"

名称如 "q00"、"clr"、"clk" 等与端口名称相同时，则意味着它们是相连的，这样就避免了过多的导线在电路原理图中出现。值得注意的是 "Net" 与导线的关系，仅当导线为红色时，我们赋予的名称才与该导线相关。图中 "q13" 未标出。你能指出图中的两片 74160 哪片负责个位计数、哪片负责十位计数吗？

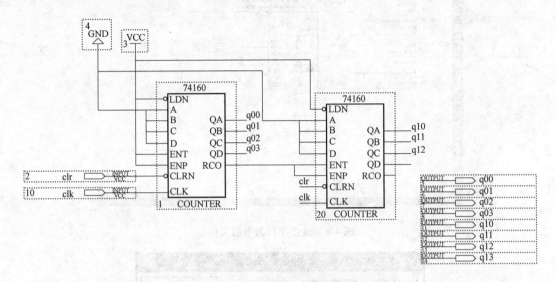

图 4-7　0 ～ 99 两位十进制计数器电路原理图

2. 绘制 0 ～ 999 的 3 位十进制计数器与 0 ～ 9999 的 4 位十进制计数器电路原理图

4.2　原理图在 Max + Plus Ⅱ 中的仿真

为了确保我们在 4.1 中绘制的电路图准确无误，我们需要在 Max + Plus Ⅱ 中对其进行仿真测试。这个过程与在 Multisim 中的仿真很类似，所不同的是，我们仅可以通过波形图来观察仿真结果是否正确，Max + Plus Ⅱ 没有为设计者提供类似 "数码显示器" 等虚拟器件。

4.2.1　选择编程器件

1. 设置当前文件

打开绘制完成的电路原理图（如单片 74160 构成的计数器电路），选择菜单命令 "File | Project | Set Project to Current File"，设置此项目为当前文件，如图 4-8 所示。注意此操作尤为重要，否则容易出错。

2. 确定所用器件

执行菜单命令 "Assign | Device" 打开 "Device" 对话框，如图 4-9 所示选择编程器件。由于我们在教学中使用的是 "EPF10K10LC84-4" 可编程逻辑器件，故需要在 "Device Family" 区选择 "FLEX10K" 系列，在 "Devices" 区中选择 "EPF10K10LC84-4" 即可（注：应在如图 4-9 所示中 "Show Only Fastest Speed Grades" 复选框没有被勾选的情况下进行），单击 "OK" 按钮完成设置。

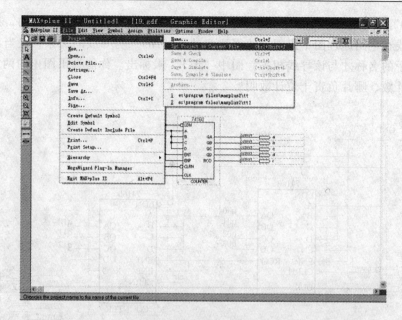

图 4-8 设置项目为当前文件

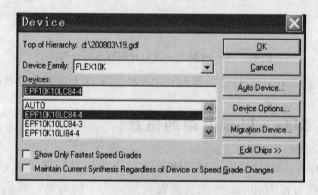

图 4-9 选择编程器件

4.2.2 编译与仿真

单击工具栏上的 ■ 按钮，编译器就开始对当前设计进行编译。如果出现错误，改正后再次编译，直到编译成功。

1. 建立波形编辑文件并调入端口

执行菜单命令 "Max + plus Ⅱ ｜ Waveform Editor"，进入波形编辑窗口，如图 4-10a 所示。执行菜单命令 "Node ｜ Enter Nodes from SNF…"，在打开的对话框中单击 "list" 按钮，可在 "Available Nodes & Groups" 区中看到当前设计所使用的输入、输出端口名称。单击 " => " 按钮，将这些端口选择到 "Selected Nodes & Groups" 区，如图 4-10b 所示，按 "OK" 按钮，结束设置。

2. 仿真参数设置

执行菜单命令 "File ｜ End Time…"，设置仿真时间 "Time" 为 5ms，如图 4-11a 所示。

执行菜单命令 "Options ｜ Grid Size"，设置网格大小 "Grid Size"。通常以能够观察到

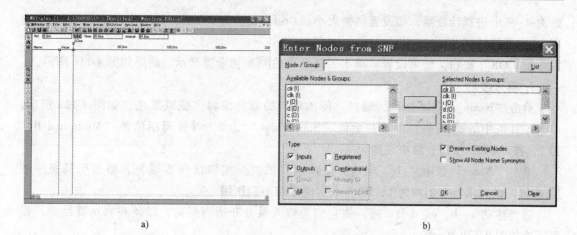

图 4-10　波形编辑文件并调入端口

图 4-11　仿真参数设置

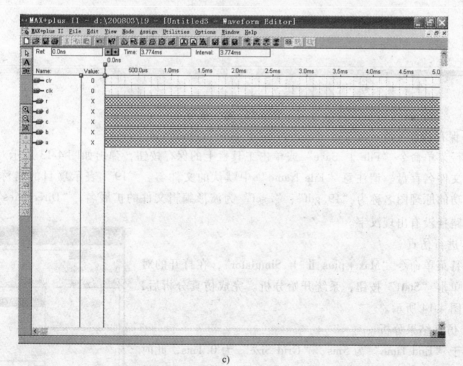

电路仿真变化的 1～2 个完整周期为准。设置方法为：

由于我们的仿真时间 "Time" 为 5ms（此值可以根据设计者的需要而改变），被测试电路为 0 ~ 9 十进制计数器,如设置网格大小"Grid Size"为 0.1ms,如图 4-11b 所示,则会出现 50 个网格"Grid"。

按"OK"按钮,结束设置。单击工具条中的 按钮全屏显示,结果如图 4-11c 所示。

3. 输入波形

单击"Name"区中"clk"端口,使该端口的波形编辑区变成黑色,如图 4-12a 所示。单击工具条中的 按钮,设置初始值"Start Value"为 0,时钟周期倍数"Multiplied By"为 1,按"OK"按钮,结束设置。

单击"Name"区中"clr"端口,使该端口的波形编辑区变成黑色,单击工具条中的 按钮,设置其所有值均为 1,即"clr"清零端不起作用。

适当移动 a、b、c、d 及 r 端,使它们与输入量分开适当距离,以便观察仿真结果。设置完成如图 4-12b 所示。

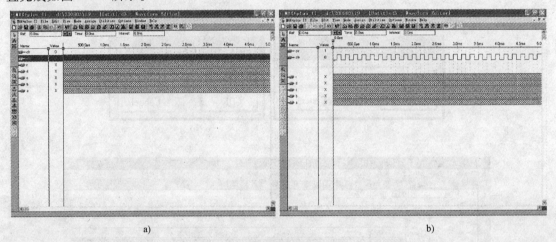

a)　　　　　　　　　　　　　　　　　　　b)

图 4-12　输入波形

4. 保存操作

执行菜单命令"File | Save"或单击工具栏上的保存按钮,弹出如图 4-13 所示对话框,以默认文件名存盘。请注意"File Name"中默认的文件名。"19"表示项目的名称为 19,编译成功的原理图名称为"19. gdf";". scf"为波形编辑文件的扩展名;"Directories"中所示保存路径没有出现汉字。

5. 进行仿真

执行菜单命令"Max + plus Ⅱ | Simulator",在打开的对话框中单击"Start"按钮,系统开始分析。完成仿真分析后,波形如图 4-14 所示。

6. 仿真结果分析

由于"End Time"为 5ms、"Grid Size"为 0.1ms,此时网格数为 50 个,时钟脉冲共出现 25 个。计数器用来数时钟脉冲出现的次数,由于只能计数 0 ~ 9,所以完成一次 0 ~ 9 计数后计数器从 0 开始重新计数,用鼠标拖动图中的标尺,观察"Value"区中"dcba"值以 0000 ~ 1001 有规律的发生周

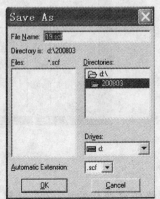

图 4-13　保存操作

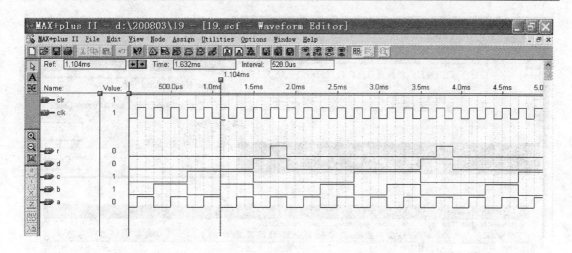

图 4-14　仿真波形

期性变化，还可知当它们的组合为 1001 时，r 端出现瞬时的高电平。

4.2.3　仿真测试的改进

在图 4-14 中观察到的是二进制波形的变化，如果能够以 "0 ~ 9" 我们最熟悉的方式看到仿真结果，将更能很好的理解十进制计数与二进制计数的关系。

下面对仿真设置做一个小小的改动。

1) 执行菜单命令 "Node ｜ Enter Nodes from SNF..."，在打开的对话框中单击 "list" 按钮，在 "Available Nodes & Groups" 区仅选择 "d"、"c"、"b" 及 "a" 4 个端口。单击 " => " 按钮，将这些端口选择到 "Selected Nodes & Groups" 区，如图 4-15 所示，按 "OK" 按钮，结束设置。

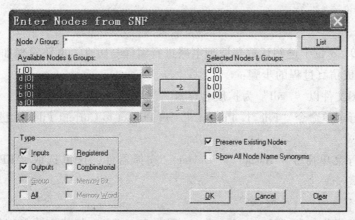

图 4-15　加入新的端口

2) 回到波形文件编辑区，将新加入的 4 个端口用鼠标左键全部 "刷选" 为黑色，如图 4-16a 所示；接着单击鼠标右键，在弹出的快捷菜单中选择 "Enter Group..." 命令，对话框如图 4-16b 所示设置，"Radix" 中 "DEC" 代表 "十进制"，单击 "OK" 按钮，回到波形显示区，即可看到如图 4-16c 所示波形。

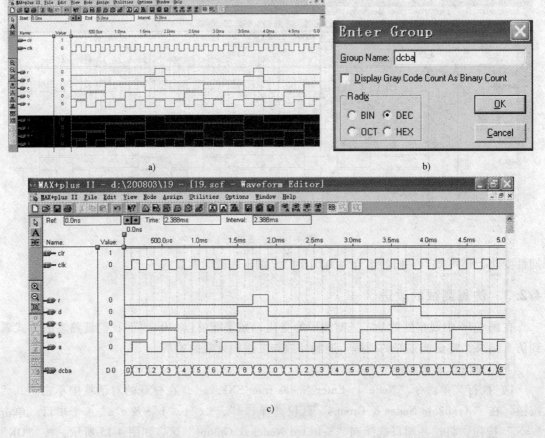

图 4-16   将端口组合成 "Group"

知识扩展与提高

1. 对 0～999   3 位十进制计数器原理电路进行编译与仿真。电路原理如图 4-17 所示。

重新熟悉完成仿真过程的步骤：

1）将原理图文件以 ".gdf" 为扩展名存盘，注意存储路径的要求。

2）通过执行菜单命令 "File ∣ Project ∣ Set Project to Current File" 设置该文件为当前文档。

3）通过执行菜单命令 "Assign ∣ Device" 选择器件，这里选取 "EPF10K10LC84-4" 可编程逻辑器件。

4）编译。

5）通过执行菜单命令 "Max + plus Ⅱ ∣ Waveform Editor" 建立波形编辑文件，调入端口，并将 12 个输出端口按其变化规律分组（Group）。

6）设置 "End Time" 和 "Grid Size" 的值，网格个数保证 2000 个以上（因为这次将计数至 999），如 10ms/2μs。

7）设置 "clk" 和 "clr" 的值。

8）保存波形编辑文件。

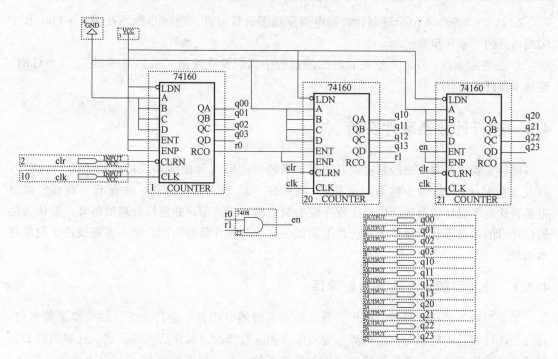

图 4-17　0 ~ 999 3 位十进制计数器原理电路

9）仿真，通过执行菜单命令"Max + plus Ⅱ │ Simulator"完成。

你能得到如图 4-18 所示 0 ~ 999 3 位十进制计数器仿真波形吗？会使用"放大"工具吗？

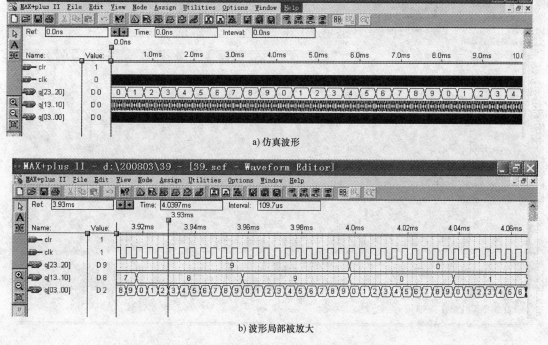

a) 仿真波形

b) 波形局部被放大

图 4-18　0 ~ 999 3 位十进制计数器仿真波形

2. 对 0 ~ 9999　4 位十进制计数器电路原理图进行仿真，进一步熟悉在 Max + Plus Ⅱ 中实现仿真的一系列步骤。

3. 在使用 Max + Plus Ⅱ 绘制原理图的过程中我们没有使用"数码显示器"、"小灯泡"等显示器件，为什么？

4.3　进行计数器硬件实验

硬件实验意味着要把绘制完成并仿真正确的原理图（即能够实现特定功能的"程序"）写入（在 Max + Plus Ⅱ 中称为"下载"）到硬件（即 PLD 器件芯片）中运行，观察实验结果是否达到了设计的目的。原理图程序应绘制正确，成功编译并进行合理的仿真，被认为达到设计目的才可下载到硬件中运行。下面以一位十进制计数器为例，学习实现硬件实验的基本步骤。

4.3.1　分配引脚的方法及重新编译

如果用户不进行此步骤的操作，系统会对引脚的使用自动进行分配，结果将是随机的。并且当硬件实验不理想时，用户势必会对原理图进行修改，编译后重新下载。这时引脚的分配可能会发生变化，反而给用户在使用上带来不便。在这里我们将对"一位十进制计数器"原理图中各输入（input）、输出（output）端口进行引脚的重新分配。

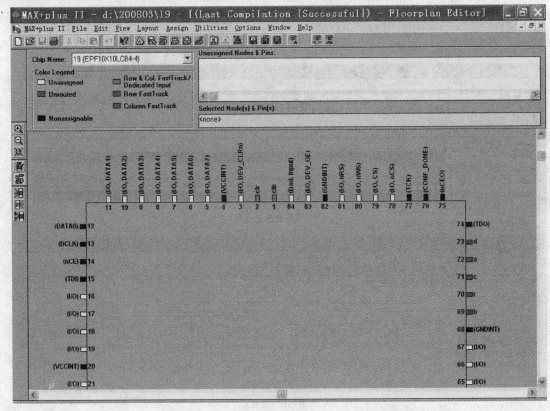

图 4-19　PLD 器件引脚图（部分）

用户在分配引脚时，应避开器件的"Nonassignable"引脚。那么，哪些引脚是"Nonassignable"引脚呢？执行菜单命令"Max + Plus Ⅱ | Floorplan Editor"，在出现界面中的任意灰色区域中双击即出现如图 4-19 所示引脚图。图中黑色引脚为"Nonassignable"引脚，用户不可用；白色引脚为用户可用的引脚。在图中我们还可以看到原理图中各输入、输出端口的自动分配情况。下面我们通过对引脚进行重新分配，将引脚的使用固定下来。

执行菜单命令"Assign | Pin/Location/Chip"，打开"Pin/Location/Chip"对话框，如图 4-20a 所示。在"Node Name"栏中输入端口名称，如 clk，在"Pin"中输入器件的引脚号，如 1，并用"Add"按钮完成对该端口分配引脚。用同样的方法对 clr 及 5 个输出端口（a、b、c、d、r）进行引脚的分配。分配好引脚后，窗口中"Existing Pin/Location/Chip Assignment"区应如图 4-20b 显示分配引脚，按"OK"按钮，结束设置。

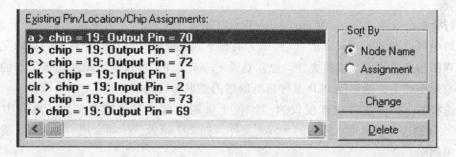

图 4-20　"Pin/Location/Chip"对话框，显示分配引脚

单击工具栏上的 █ 按钮，编译器就开始对当前设计中的所有修改进行编译，并执行"Max + plus Ⅱ | Floorplan Editor"命令可看到引脚重新分配后的情况，如图 4-21 所示。

注：重新分配引脚或对原理图做任何修改后都要对电路进行重新编译，编译前不要忘了

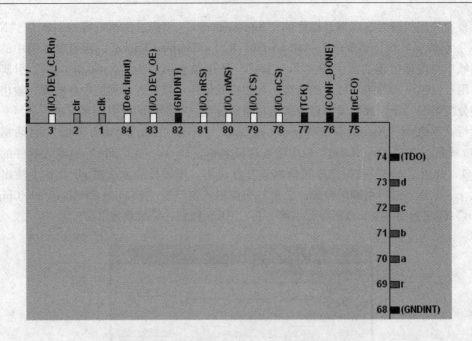

图 4-21　重新分配并编译成功后引脚的分配情况

要把该原理图设置为"当前文件"(File ｜ Project ｜ Set Project to Current File)。

4.3.2　下载到硬件前的设置

执行菜单命令"Max + plus Ⅱ ｜ Programmer",打开编译器窗口,如图 4-22a 所示。如果编译器窗口中的"Configure"按钮为不可用状态,或打开编译器时弹出如图 4-22b 所示提示框,则执行菜单命令"Options ｜ Hardware Setup...",打开"Hardware Setup"对话框,如图 4-22c 所示。选择硬件类型"Hardware Types"为 Byte Blaster [MV],按"OK"按钮,结束设置。

执行菜单命令"JTAG ｜ Multi-Device JTAG Chain Setup...",出现如图 4-23 所示对话框:

窗口中可以看到的"∗.sof"文件即为需要下载到硬件(PLD 器件)中的目标文件,它是对原理图程序编译后生成的文件。也就是说 ∗.sof 文件是可以驱动硬件设备工作的,与被编译的原理图相关,能够使 PLD 器件具有原理图要求的功能。

被选择的 ∗.sof 文件应该仅仅为"一位十进制计数器"的相关文件(本节中应使用 19.sof),分别选中窗口中不需要的 ∗.sof 文件,如 29.sof 及 39.sof,用"Delete"按钮将其从窗口中删除。

如果窗口中并没有列出所需的文件(19.sof),则需按"Select Programming File..."按钮,选择当前编译项目的 ∗.sof 文件,用"Add"按钮将其加入到窗口中,按"OK"按钮结束设置。

注:进行 Multi-Device JTAG Chain 设置时,对于 FPGA 可编程器件选择当前项目的 ∗.sof 文件,对于 CPLD 可编程器件应选择 ∗.pof 文件。由于我们选用了 FLEX10K 系列的 EPF10K10LC84-4 可编程逻辑器件,该器件为 FPGA。

按"Configure"按钮,完成程序的下载。

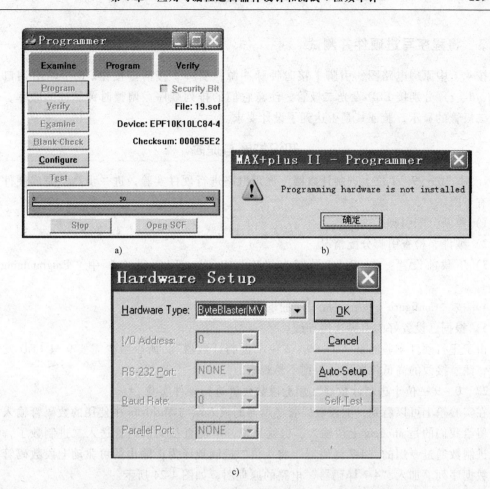

图 4-22　下载前的硬件设置

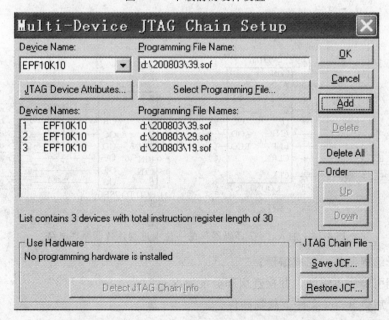

图 4-23　"Multi-Device JTAG Chain Setup" 对话框

4.3.3　将程序写进硬件并测试

按 4.1 中原理电路图，引脚 1 接时钟脉冲源，引脚 2 接清零按钮。5 个输出端口（a、b、c、d、r）分别接 LED 发光二极管，注意它们的排列顺序。调整时钟脉冲的频率，观察发光二极管的显示，验证其是否达到了设计要求。

知识扩展与提高

1. 对"0~99　2 位十进制计数器"原理电路进行硬件实验，进一步熟悉完成硬件实验的所有步骤。

1）重新分配引脚。

2）编译，检查引脚分配情况。

3）下载前设置：将 29. sof 设置为"Multi-Device JTAG Chain"中"Programming File Names"。

4）按"Configure"按钮完成程序的下载。

5）根据已设置好的引脚连接导线。

由于进行硬件实验的是"0~99　2 位十进制计数器"，所以至少需要 9 只 LED 发光二极管，注意接线的高低位顺序，否则不易观察。

2. "0~9 一位十进制计数器"用七段数码管进行硬件实验

在实验箱上可以看到，七段数码管显示器的输入端与 Multisim 中使用的数码管输入端不同，留给我们的是 abcdefg 七段输入。也就是说，不能直接向数码管送入二进制数了，需要将二进制数通过专用的"4-7 译码器"将 4 位二进制数译为 7 输出的可驱动七段数码管显示器的数据序列。加入"4-7 译码器"电路的原理图，如图 4-24 所示。

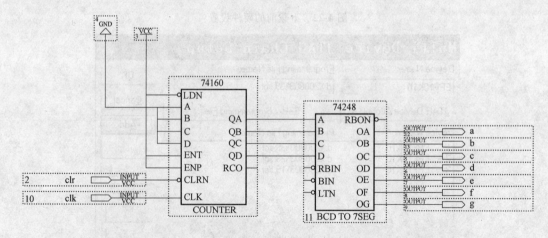

图 4-24　加入"4-7 译码器"的一位十进制计数器原理电路

正确选择编程器件，完成编译；

重新分配引脚后再编译，并检查引脚分配情况；

正确设置后将 ∗. sof 文件下载到硬件；

接线后观察数码管的显示。

3. "0 ~ 99　2 位十进制计数器" 输出用七段数码管观察

1）如果实验箱上的各支七段数码显示器的输入端相对独立，则只需将代表十位与个位的七段数据序列分别接入即可，与在 Multisim 仿真中数码管的连接方法类似，只是这回我们使用了真正的数码管器件，而不仅仅是一个电路符号。然而如果实验箱给出 8 支甚至更多数码管，就意味着显示模块的输入插孔要有几十个或上百个，显示模块将变得很庞大。

2）绝大多数实验箱各支七段数码显示器（一般是 8 支）的输入端不是独立的，而是共用一组 abcdefg 数据输入，并加入 s2、s1、s0 三条 "数选" 或称为 "位选" 输入。这就意味着若干支（这里以 8 支为例）数码管的数据均通过一组 abcdefg 七条数据线传输，仅出现在不同的时刻；"数选" 输入 s2、s1、s0 有 000 ~ 111 共 8 种组合，用于选择某时刻应该被点亮的数码管，并且在输入部分选择该数码管对应的显示数值。也就是说当 8 支数码管都需要使用时，它们是被依次点亮的，但只要数选端变化的频率足够快，由于人眼的暂留特性，我们会认为 8 支数码管同时被点亮。关于该驱动方式的七段数码显示器的使用会在今后的内容分中详细说明。

4.4　锁存器电路原理图绘制与测试

4.4.1　测试电路描述

在频率计的设计中使用锁存器，目的是当计数器计数时，锁存器应处于 "保持" 状态，即 "保持" 计数器 "前" 一次输出的计数结果送显示电路输出；当计数器被清零时，锁存器应及时与该次计数器的计数结果保持一致。其核心为我们熟悉的 D 触发器。

4.4.2　8 位二进制锁存器的仿真测试

1. 测试电路描述

图 4-25 为 8 位二进制锁存器电路原理图。电路中的 74273 为 8D 触发器集成电路，D1 ~ D8 分别为 8 只 D 触发器的输入端，Q1 ~ Q8 为各自的输出端，一一对应，互相独立。8 只 D 触发器共用 "清零端" CLRN 及 "时钟控制端" CLK。按图绘制电路原理图，选择编程器件 "EPF10K10LC84-4" 后进行编译，注意编译过程中不能出错，如有错误请修改后重新编译。

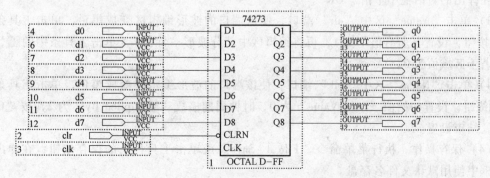

图 4-25　8 位二进制锁存器电路原理图

2. 仿真测试

（1）建立波形编辑文件并调入端口

1）执行菜单命令 "Max + plus Ⅱ ｜ Waveform Editor"，进入波形编辑窗口。

2）执行菜单命令 "Node ｜ Enter Nodes from SNF…"，在打开的对话框中单击 "list" 按钮，可在 "Available Nodes & Groups" 区中看到当前设计所使用的输入、输出端口名称。单击 " => " 按钮，将这些端口选择到 "Selected Nodes & Groups" 区，按 "OK" 按钮，结束设置。

（2）仿真参数设置

1）执行菜单命令 "File ｜ End Time…"，设置仿真时间 "Time" 为 5ms。

2）执行菜单命令 "Options ｜ Grid Size"，设置网格大小 "Grid Size" 为 200μs。

3）按 "OK" 按钮，结束设置。单击工具条中的 按钮全屏显示。

（3）输入波形 按如图 4-26 所示对 D 触发器输入波形，波形输入方法为：

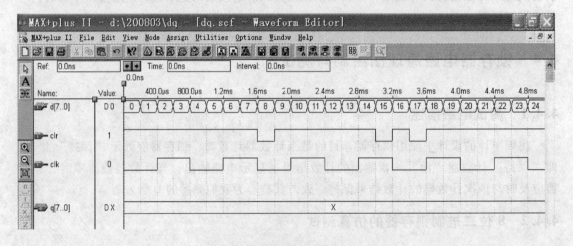

图 4-26 对 D 触发器输入波形

1）调入波形后将 d7 ~ d0、q7 ~ q0 分别组成 group：选中需要组成 group 的端口（涂黑），单击鼠标右键，在弹出的快捷菜单中选择 "Enter Group…" 命令，"Group Name" 用默认的名称。

2）单击 d [7..0] Group，使该 Group 的波形编辑区变成黑色，单击工具条中的 按钮，在弹出的对话框中单击 "OK"。

3）单击 "Name" 区中 "clr" 端口，使该端口的波形编辑区变成黑色，单击工具条中的 按钮，设置其所有值均为 1，再将编辑区中部分波形 "涂黑"，单击工具条中的 ，设置其若干区域值为 0。

4）单击 "Name" 区中 "clk" 端口，使该端口的波形编辑区变成黑色，单击工具条中的 按钮，设置初始值 "Start Value" 为 0，时钟周期倍数 "Multiplied By" 为 2，按 "OK" 按钮，结束设置。

（4）保存操作 执行菜单命令 "File ｜ Save" 或单击工具栏上的保存按钮，在弹出的对话框中使用默认文件名存盘。

（5）进行仿真 执行菜单命令 "Max + plus Ⅱ ｜ Simulator"，在打开的对话框中单击

"Start"按钮，系统开始分析。完成仿真分析后，D 触发器仿真波形如图 4-27 所示。

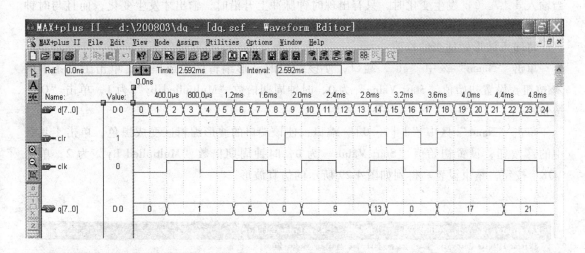

图 4-27　D 触发器仿真波形

（6）仿真结果分析

1）输出 q [7..0] 由 0 变为 1，由 1 变为 5，由 0 变为 9，由 9 变为 13，由 0 变为 17，由 17 变为 21，都是在时钟脉冲"上升沿"发生的，你能理解什么是"上升沿触发"了吗？而且输出 q [7..0] 总是与"上升沿出现前"的输入 d [7..0] 相同。

2）当 clr 为 1 且时钟脉冲 clk"上升沿"出现之后，尽管输入 d [7..0] 发生状态上的变化，但输出 q [7..0] 却处于一种"保持"状态，即 $q[7..0]^n = q[7..0]^{n-1}$（有些教材中用 $q[7..0]^{n+1} = q[7..0]^n$ 表示）。

3）当 clr 为零时，无论输入 d [7..0]、时钟脉冲及 $q[7..0]^{n-1}$ 是何状态，输出 $q[7..0]^n$ 都被强制"清零"。

4）仿真中如不使用清零功能时，仿真波形将如图 4-28 所示。

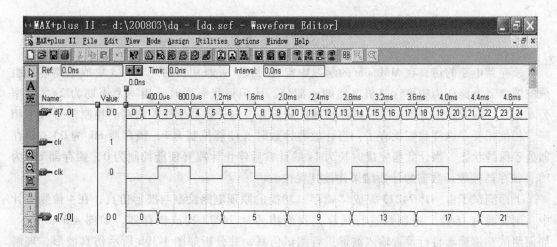

图 4-28　不使用"清零"功能时的仿真波形

观察波形图，能否理解为输出 q [7..0] 是被输入 d [7..0] "置值"的，但是有条件，当输入 d [7..0] 发生变化时，只有出现时钟脉冲上升沿时，输出才发生变化，而且与时钟脉冲"上升沿出现前"的输入 d [7..0] 值相同。

将输入波形做适当的修改：

单击 "Name" 区中 "clk" 端口，使该端口的波形编辑区变成黑色，单击工具条中的 ▨ 按钮，设置初始值 "Start Value" 为 0，时钟周期倍数 "Multiplied By" 为 1，单击 "OK" 按钮。

单击 "Name" 区中 "d [7..0]" 端口，使该端口的波形编辑区变成黑色，单击工具条中的 ▨ 按钮，设置初始值 "Start Value" 为 0，时钟周期倍数 "Multiplied By" 为 2，单击 "OK" 按钮，结束设置。得到如图 4-29 所示的仿真波形。

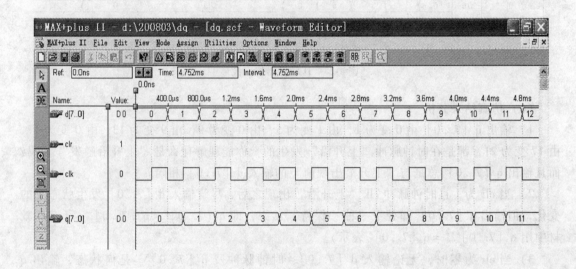

图 4-29   输入波形修改后的仿真波形

知识扩展与提高

锁存器电路的仿真在 Multisim 的学习中曾进行过，并且用由两片 74273 集成电路芯片组成的锁存器电路作为频率计整机电路的一部分。还记得我们当时是用一个周期为 2s（频率为 0.5Hz）的方波作为锁存器的时钟脉冲控制信号，与计数器使能控制端的控制信号频率相同，相位相反。这样我们就有了：当计数器计数时（使能控制为 1，锁存器 clk 为 0），锁存器处于保持状态；当计数器完成时长为 1s 的计数后停止计数（使能控制为 0，锁存器 clk 为 1），锁存器接收计数器的计数结果并被其置位。

上面测试了由一片 74273 完成"锁存"功能的原理电路绘制与波形仿真，在 4 位频率计中，则需要对 16 位二进制数进行锁存，我们用两片 74273 构成锁存器，如图 4-30a 所示。如何测试？请读者自行设置输入波形进行测试仿真。并分析如图 4-30b 所示仿真波形，理解锁存器的功能与"锁存"的含义。

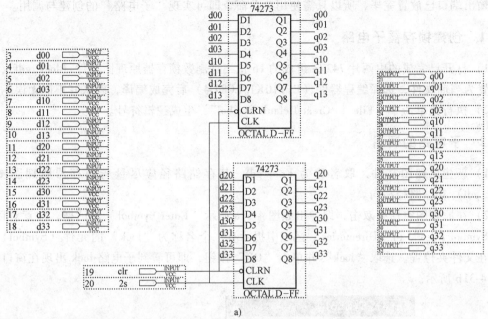

a)

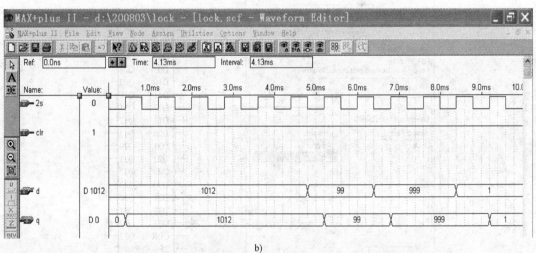

b)

图 4-30　两片 74273 组成的 16 位二进制数锁存器仿真波形

4.5　Max + Plus Ⅱ 中的子电路应用

在 Multisim 的学习中我们领略了在电路中使用"子电路"的方便与快捷。将具有特定功能的电路模块化，不仅可以简化电路图，使电路原理一目了然，而且还可以实现在原理图中多次调用，这将大大减轻设计人员的工作量，提高工作效率。

在 Multisim 中，原理电路的输出是与显示设备与分析测试仪器直接连接的，不作为"子电路"使用的原理电路中是可以不放置端口的。当某一原理电路需要作为"子电路"使用时，用户要在电路中自行放置端口，并适当将显示设备、信号分析测试仪器及信号输入设备（如信号发生器）从原理图中移除。而在 Max + Plus Ⅱ 中，在绘制电路原理图的同时，各输入与输出端口已放置完毕，所以只需使用菜单命令即可实现"子电路"的创建与调用。

4.5.1　创建锁存器子电路

1）打开已完成的由两片 74273 组成的 16 位二进制数锁存器原理图文件（lock. gdf），将其设置为当前文件，选择编程器件（EPF10K10LC84-4）后完成编译，确认其正确无误。

2）执行菜单命令"File ｜ Creat Default Symbol"，生成逻辑符号。

4.5.2　子电路的调用

1）新建原理图文件，取名称为 Freq. gdf，其存储路径应尽量与锁存器原理图文件（lock. gdf）存储路径相同。

2）在原理图空白处双击，即弹出如图 4-31a 所示"Enter Symbol"对话框，注意对话框中"Symbol Files"和"Directories"区域中提示有一个名称为"lock"的元件（Symbol）及其所在文件夹位置。选取"lock"并单击"OK"按钮，即可看到子电路 lock 出现在窗口中，如图 4-31b 所示。

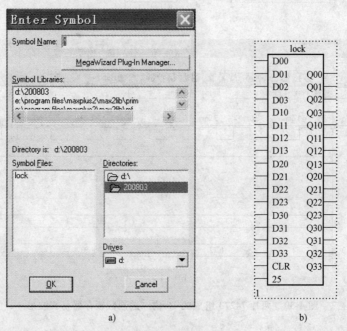

a)　　　　　　　　　　　　　　　　b)

图 4-31　锁存器子电路的调用

知识扩展与提高

1. 将相关端口合并的操作。

我们在原理图编辑中使用总线编辑方式，将如图 4-30a 所示的锁存器电路做如下改动，如图 4-32a 所示，注意端口的命名为 dX [3..0] 及 qX [3..0]，d 和 q 分别表示 D 触发器的输入端和输出端，X 用 0、1、2、3 分别表示个、十、百、千位，方括号中的数值表示某一位十进制数用 4 位二进制数表示时的高位至低位的排列。这样原来图中的多个端口以 4 个为一组合并，进一步简化了原理图。

　　重新进行编译，并执行菜单命令"File ｜ Creat Default Symbol"生成新的逻辑符号，如
弹出如图 4-32b 所示提示窗，是因为已存在名称为 lock 的符号文件，单击"确定"覆盖即
可。将 Freq. gdf 中已放置的"lock"子电路删除，重新放入，完成后如图 4-32c 所示，可以
看到在进行了端口的合并操作后，子电路也变得简单而小巧了。

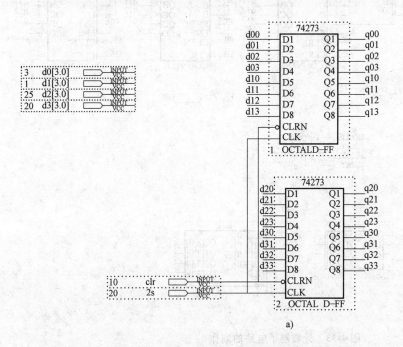
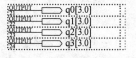

a)

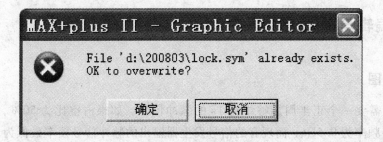

b)

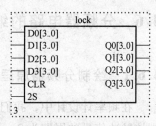

c)

图 4-32   在原理图编辑中使用总线编辑方式

2. 制作 4 位十进制计数器子电路

　　试将 4 位十进制计数器原理图模块化，编辑为子电路，原理电路（count. gdf）如图 4-
33a 所示，注意个位计数器（原理图最左边的 74160 计数芯片）使能端（ENT 和 ENP）的
处理。

　　选择编程器件后编译，如没有错误即可生成新的子电路符号 count 并在 Freq. gdf 中调
用，如图 4-33b 所示。

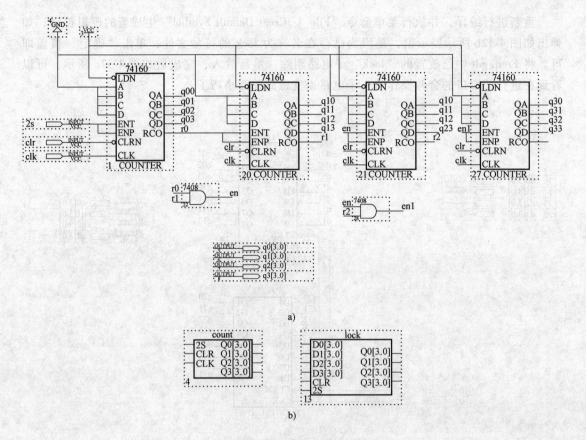

a)

b)

图 4-33　计数器子电路的制作

4.6　分频器电路的编辑与测试

4.6.1　绘制分频器原理图

在频率计设计中，我们需要一个正半周能够维持 1s 的脉冲信号，如果占空比为 50%，则该脉冲信号的周期为 2s，频率为 0.5Hz。而现有的信号发生器输出的脉冲信号频率最低为 1Hz，则需要设计电路将 1Hz 脉冲方波进行 1/2 分频，得到所需的脉冲控制信号。这个信号将作为计数器的"使能（en）"信号，当出现正半周时，控制其计数；当出现负半周时，将计数结果送锁存器，计数器自身则被清零。

在"Freq. gdf"中绘制分频器原理图，如图 4-34 所示，其核心元件仍然为 D 触发器。编辑完成别忘了选择编程器件后完成正确无误的编译操作。

4.6.2　分频器电路的仿真测试

打开波形编辑器窗口并调入端口，设置"End Time"、"Grid Size"及"clr"、"1s"输入波形。将波形文件按默认文件名及路径存盘。执行菜单命令"Max + plus Ⅱ ｜ Simulator"进行仿真，得到如图 4-35 所示仿真波形，图中 2s 信号的周期是 1s 信号的 2 倍，分频器电路

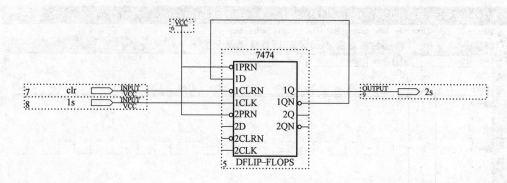

图 4-34　分频器原理图

功能实现。

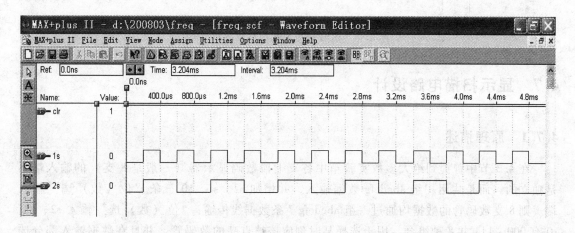

图 4-35　分频器仿真测试波形

知识扩展与提高

D 触发器为什么能实现 "1/2" 分频？

在如图 4-34 所示的原理电路中，可以看到 D 触发器的输入端与其反相输出端 "1QN" 相连接，这就意味着其输出端 "QN" 是随着其反相输出端变化的，但由于 D 触发器属于 "上升沿触发" 的电路器件，所以最终实现 "1/2" 分频。其 D 输入端（即 1QN）与 Q 输出端的波形关系如图 4-36 所示。

从图 4-36 中可以看出：

1）触发器初始状态（2s 信号）为低电平 0，其反相输出端（d 信号）初始状态为高电平 1。

2）当时钟脉冲信号（1s）出现 "上升沿" 时，触发器状态会与 "上升沿出现前" d 信号的状态相同，即输出（2s 信号）翻转为高电平 1，而触发器反相输出端（d 信号）因要与触发器状态相反而变为低电平 0。

3）待下一个时钟脉冲信号 "上升沿" 到来时，触发器状态又会发生翻转，由 1 变为 0，由 0 变为 1……如此周而复始，得到周期为时钟脉冲信号 2 倍的分频信号输出。

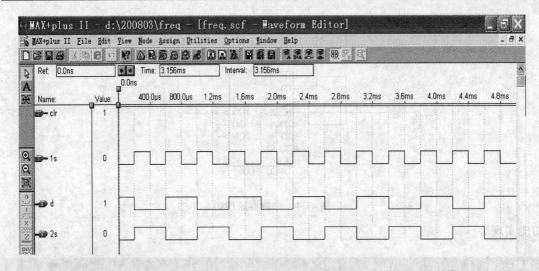

图 4-36　用 D 触发器实现分频原理波形

4.7　显示扫描电路设计

4.7.1　原理描述

在 4.3 节中曾提到绝大多数实验箱中各支七段数码显示器（一般是 8 支）的输入端不是独立的，而是共用一组 abcdefg 数据输入，并增加 s2、s1、s0 三条"位（数）选"输入端。则 8 支数码管的数据均通过一组 abcdefg 7 条数据线传输；"位（数）选"输入 s2、s1、s0 有 000 ~ 111 共 8 种组合，用于选择某时刻应该被点亮的数码管，并且在数据输入部分选择该数码管对应的显示数值。显示扫描电路的设计结构框图如图 4-37 所示。

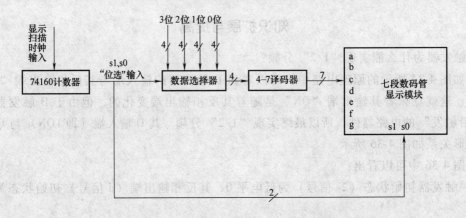

图 4-37　显示扫描电路的设计结构框图

1）"显示扫描时钟输入"应尽量采用频率较高的信号，如 100Hz，如果显示时人眼观察有闪烁的现象，还可将频率调高。

2）"74160 计数器"用于"0 ~ 3"计数，自动输出 00、01、10、11、00、01、10、11、……"位（数）选"信号，由于此例中使用的是 4 位十进制数输出显示（只用 4 个数码管），

s1、s0 端能够有 4 种不同输出组合即可，因此仅取 74160 计数器低两位输出（b 和 a）。

3）"数据选择器"的输入信号中除"位（数）选"信号外，还应将"0~9999 计数器"输出共计 16 位二进制数接入，按每一位十进制数（千、百、十、个）的最高位（第 3 位）、第 2 位、第 1 位、最低位（第 0 位）分组，这与我们习惯的分组方式不同。"数据选择器"即可以在"位（数）选"信号的控制下，在不同时刻选出某一位十进制数对应的 4 位二进制数。如：当 s1、s0 组合为 10 时，将选出百位的第 3、2、1、0 位。

4）"4 – 7 译码器"用于将一组 4 位二进制数译码为可驱动七段数码管的数据信号送显示模块 abcdefg 七个输入端。

5）"七段数码管显示模块"同样受"位（数）选"信号的控制：当该信号控制"数据选择器"选取某一位十进制数（如百位）时，同时控制点亮"七段数码管显示模块"相应的位，即百位。

4.7.2　原理图的绘制

1.　"0~3"计数器电路的绘制

1）新建原理图文件 scan. gdf，注意存储路径应与已绘制的计数器（count. gdf）、锁存器（lock. gdf）及总电路（Freq. gdf）存储路径一致，并将其设置为"当前文件"。

2）如图 4-38a 所示电路绘制由 74160 计数器芯片构成的"0~3"计数器电路，图中"与非"门用于当 s1 与 s0 均为高电平时，输出低电平送 74160"LDN"端强迫其执行清零

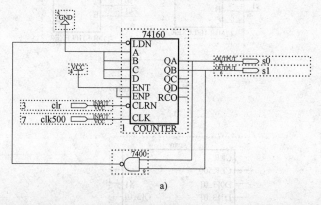

a)

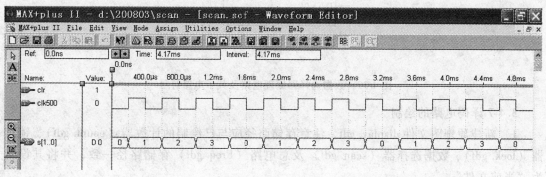

b)

图 4-38　"0~3"计数器电路设计与仿真

操作，选择编程器件并编译成功后进行波形仿真，结果如图 4-38b 所示。

2. 绘制数据选择器电路

在 scan. gdf 原理图中继续绘制如图 4-39a 所示电路。图中 74251 为 8 选 1 数据选择器，关于该芯片的工作原理请读者自行查阅资料进行学习。完成电路图的绘制，成功编译后创建为子电路 scan，如图 4-39b 所示。

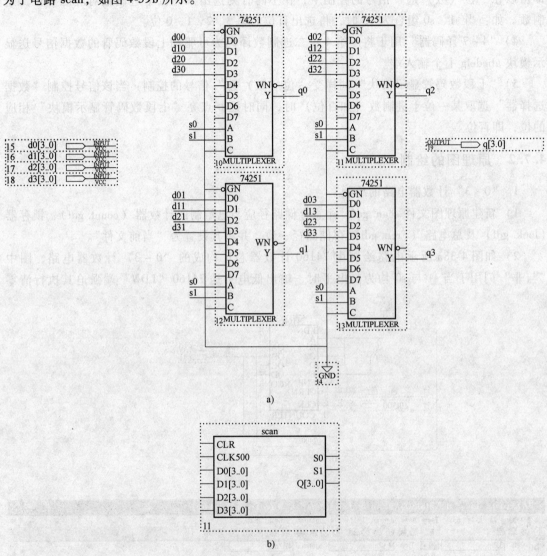

图 4-39　数据选择器原理电路及其子电路符号

3.4-7 译码电路的绘制

1）新建原理图文件 display. gdf，注意存储路径应与已绘制的计数器（count. gdf）、锁存器（lock. gdf）、数据选择器（scan. gdf）及总电路（Freq. gdf）存储路径一致，并将其设置为"当前文件"。

2）绘制如图 4-40a 所示电路，选择编程器件并编译成功后创建为子电路 display，如图 4-40b 所示。

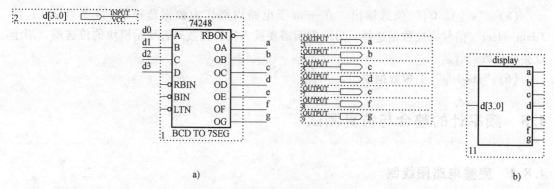

图 4-40　4-7 译码电路及其子电路符号

知识扩展与提高

下面我们把获得的几个"子电路"在 Freq. gdf 频率计总电路中搭接起来，如图 4-41 所示。当然完整的频率计电路还需要在此基础上作进一步的修改。

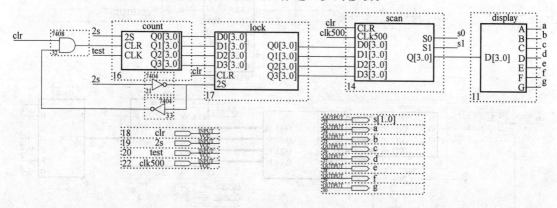

图 4-41　将各子电路连接在一起

从图 4-41 中可以看出，如果在制作子电路时采用了端口分组的方式，不仅可以使子电路变得小巧，并且在连接导线时以粗实线表示多条导线并行。值得注意的是，由粗实线连接起来的端口组应保持输入输出端口数量一致。如"count"的 q0 [3..0] 输出端口组与"lock"的 D0 [3..0] 输入端口组相连，端口数量均为 4。

试着对电路原理进行分析：

（1）"clr"输入　当其为低电平 0 时，用于使 count、lock、scan 电路同时清零。

（2）"2s"输入　周期为 2s 的脉冲信号（由分频器提供）。

1）脉冲信号为正半周时控制 count 进行计数操作；并且通过"非门取反"送 lock 的"2s"输入端，使其处于保持状态，即此时计数器（count）与锁存器（lock）不通信。

2）脉冲信号为负半周时计数器（count）停止计数；并使得 lock 的"2s"输入端出现一个上升沿，锁存器被计数器置数，与 count 的计数结果一致；两次取反后使计数器清零，等待下一次计数开始。

（3）"test"输入　被测信号输入端。

（4）"clr500"输入　数选计数频率输入，作为 scan 子电路中 0～3 计数器的计数脉冲，给出 s1、s0 数（位）选信号，变化频率很快。

（5）"s［1..0］"位选输出　在 scan 子电路内部作为数据选择器（4 片 74251）的"data select"信号完成数据选择，另一方面需要接入实验箱数码管显示模块的位选端，用于点亮 4 位数码管。

（6）"abcdefg"七段数据输出。

4.8　频率计的整合与仿真测试

4.8.1　完整电路图绘制

在"Freq. gdf"原理图文件中绘制如图 4-42 所示频率计总电路图。

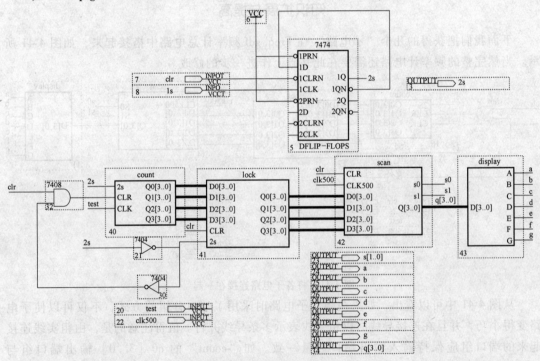

图 4-42　频率计总电路图

图 4-42 与图 4-41 不同之处在于：

1）加入了分频器电路，其时钟控制脉冲是周期为 1s，频率为 1Hz 的方波脉冲信号，由实验箱给出。

2）周期为 2s，频率为 0.5Hz 的方波脉冲信号由分频器电路给出，产生于电路内部并在电路中传输，不需设置输入输出端口，当需对该信号进行监测时可以设输出端口进行观察。

3）为便于观察仿真结果，设 q［3..0］输出端口组，若电路直接用于下载进行硬件实验，可将其移除。

4.8.2　编译与波形仿真

将频率计总电路设置为当前文件并正确完成编译操作。

频率计仿真波形如图 4-43 所示。

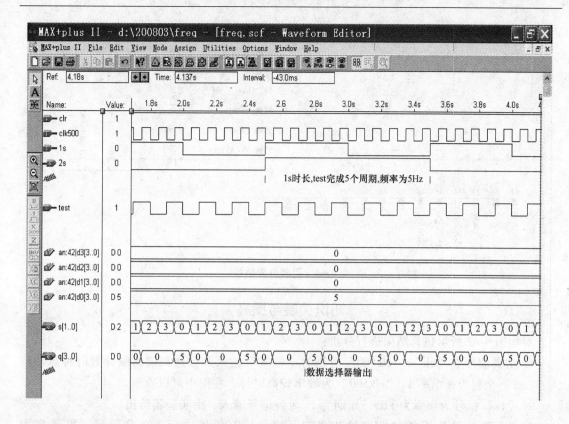

图 4-43 频率计仿真波形

4.8.3 完成硬件实验

1）按表 4-1 所示重新分配引脚。

表 4-1 分配引脚

引脚名称	引脚号	引脚名称	引脚号
test	1	clr	2
1s	42	Clk500	43
a	47	b	48
c	49	d	50
e	51	f	52
g	53	s1	60
s0	59		

2）编译，检查引脚分配情况，引脚分配结果如图 4-44 所示。

3）下载前设置：将 Freq. sof 设置为 "Multi-Device JTAG Chain" 中 "Programming File Names"。

4）将实验箱与计算机连接，打开实验箱电源，按 "Configure" 按钮完成程序的下载。

5）根据已设置好的引脚连接导线。

改变被测信号 test 的频率，与标准频率计的测试结果进行比较。

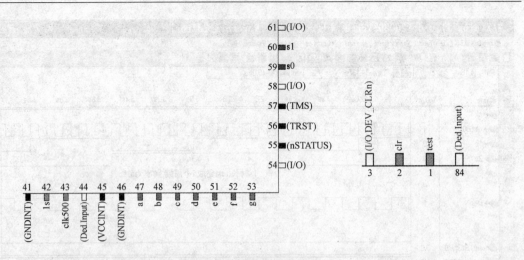

图 4-44　引脚分配结果

知识扩展与提高

对如图 4-43 所示仿真结果进行分析：

1. 仿真波形中"clr"、"clk500"分别为"清零"输入和数选扫描高频计数时钟脉冲输入，"clr"全程为高电平 1，"clk500"为频率较高时钟，在图中可以看到。

2. "1s"信号为频率为 1Hz，周期为 1s 时钟信号输入，由实验箱给出。

3. "2s"信号为附加的监测输出端口，将"1s"信号进行 1/2 分频后，得频率为 0.5Hz，周期为 2s 信号，可以看出由 D 触发器构成的 1/2 分频器工作正常。

4. "test"为待测频率的信号输入，从波形图中可以看出，在 1s 时长内，其完成 5 个周期，频率为 5Hz。

5. 下面我们来观察频率计工作结果输出：

1) 输出 scan：42 | d3［3..0］、scan：42 | d2［3..0］……scan：42 | d2［3..0］4 个信号为"scan"子电路，在图中编号为 42（见图 2-42）的数据输入端获得的输入信号，即锁存器"lock"的输出信号，d0 为个位……d3 为千位，因此可知被测信号频率的确为 5Hz。

2) 当 s［1..0］分别为 0、1、2、3 时，将依次点亮数码显示模块的个、十、百、千位，从 q［3..0］（"scan"子电路输出）可对应的看到个位为 5，其他位均为 0。

习　　题

4.1　利用 Max + plus Ⅱ 测试非门 7404 逻辑功能。

利用 Max + plus Ⅱ 软件，创建如图 4-45 所示非门 7404 逻辑图，进行编译、仿真、并下载到器件进行分析，检查是否能够实现非门输出与输入相反的逻辑功能。

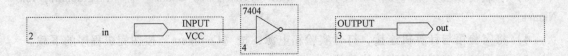

图 4-45　非门 7404 逻辑图

1. 项目建立

首先在 d 盘根目录下建立 d：\ ex4-1 文件夹，启动 Max + plus Ⅱ 软件，新建 Graphic Editor File 文件 ＊. gdf（此时文件名默认），保存该文件至 d：\ ex4-1，更改文件名为 01. gdf（文件主名"1"即为项目名）。

2. 编辑文件

窗口内大面积的空白区域为原理图编辑区，用鼠标左键在编辑区上双击，弹出"Enter Symbol"对话框。在 Symbol Name 中依次输入 7404、input 和 output。确定元件位置并连接导线，最后更改输入和输出端口名称为：in 及 out。保存操作。

3. 选择编程器件

选择菜单命令"File | Project | Set Project to Current File"，设置此项目文件为当前文件，并选择菜单命令"Assign | Device"打开"Device"对话框，如图 4-46 所示，确定所用器件。如在 Device Family 区选择 FLEX10K 系列，在"Devices"区中选择 EPF10K10LC84-4 可编程逻辑器件。如要选择该器件，应在如图 4-46 所示中"Show Only Fastest Speed Grades"没有被勾选的情况下进行，按"OK"按钮，结束设置。

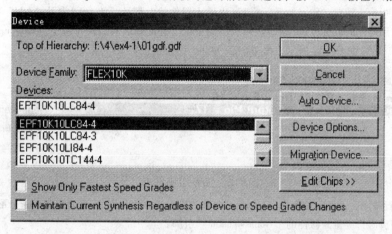

图 4-46　选择编程器件

4. 编译

单击工具栏上的 ▣ 按钮，编译器就开始对当前设计进行编译。如果出现错误，改正后再次编译，直到编译成功。

5. 仿真

1）建立波形编辑文件并调入端口：选择菜单命令"Max + plus Ⅱ | Waveform Editon"，进入波形编辑窗口。选择菜单命令"Node | Enter Nodes from SNF..."，在打开的对话框中单击"list"按钮，可在"Available Nodes & Groups"区中看到当前设计所使用的输入、输出端口名称。单击" => "按钮，将这些端口选择到"Selected Nodes & Groups"区，按"OK"按钮结束设置。

2）选择仿真时间：选择菜单命令"File | End Time..."，设置仿真时间"Time"为 1μs；选择菜单命令"Options | Grid Size"，将网格大小"Grid Size"设置为 250μs。按"OK"按钮，结束设置。单击工具条中的 ▣ 按钮全屏显示。

3）输入波形：单击"Name"区中"in"端口，使该端口的波形编辑区变成黑色，即为被选中状态。单击工具条中的 ▣ 按钮，设置初始值"Start Value"为 0，时钟周期倍数"Multiplied By"为 1，按"OK"按钮，结束设置。

4）保存操作，按默认文件名存盘。

5）进行仿真：选择菜单命令"Max + plus Ⅱ | Simulator"，在打开的对话框中单击"Start"按钮，系统开始分析。完成仿真分析后，波形如图 4-47 所示，可见当输入信号变化时，输出信号并不是马上响应，即

所谓"延时"。

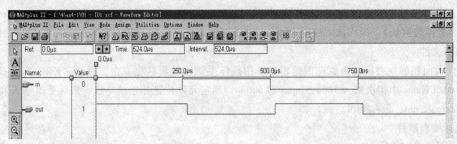

图 4-47 仿真波形

6. 下载到器件，硬件实现

1）重新分配引脚：选择菜单命令 "Assign | Pin | Location | Chip"，打开 "Pin/Location/Chip" 对话框，在 Node Name 栏中输入端口名称，如 in，在 Pin 中输入器件的引脚号，如 16，并用 "Add" 按钮完成对该端口分配引脚。用同样的方法对 out 端口进行引脚的分配。分配好引脚后，窗口中 "Existing Pin/Location/Chip Assignment" 区应如图 4-48 所示，按 "OK" 按钮，结束设置。

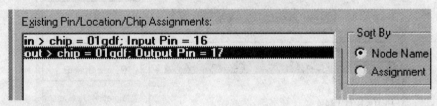

图 4-48 分配引脚完成

2）重新进行编译，选择菜单命令 "Max + plus Ⅱ | Floorplan Editor" 可看到引脚重新分配后的情况。

注：分配引脚时，应避开器件的 "Nonassignable" 引脚。

3）下载前设置：选择菜单命令 "Max + plus Ⅱ | Programmer"，打开编译器。选择菜单命令 "Options | Hardware Setup..."，选择硬件类型 "Hardware Types" 为 "Byte Blaster (MV)"，按 "OK" 按钮，结束设置。

选择菜单命令 "JTAG | Multi-Device JTAG Chain Setup..."，出现如图 4-49 所示对话框。

选中窗口中已有的 *.sof 文件，用 "Delete" 按钮将其从窗口中删除，按 "Select Programming File..." 按钮，选择当前编译项目的 *.sof 文件，用 "Add" 按钮将其加入到窗口中，按 "OK" 按钮，结束设置。

注：进行 Multi-Device JTAG Chain 设置时，对于 FPGA 可编程器件选择当前项目的 *.sof 文件，对于 CPLD 可编程器件应选择 *.pof 文件。本题中由于我们选用了 FLEX10K 系列的 EPF10K10LC84-4 可编程逻辑器件，该器件为 FPGA。

4）按 "Configure" 按钮完成程序的下载。

5）根据已设置好的引脚连接导线：本题中引脚 16 接置位开关，引脚 17 接 LED，通过置位开关改变输入量，观察 LED 显示，检查是否实现了预计的逻辑关系。

4.2 利用 Max + plus Ⅱ 软件测试二进制计数器 74160 的逻辑功能。

首先在 d 盘根目录下建立 d：\ ex4-2 文件夹，启动 Max + plus Ⅱ 软件，新建 Graphic Editor File 文件 *.gdf，保存该文件至 d：\ ex4-2，改文件名为 02.gdf。

利用 Max + plus Ⅱ 软件，创建如图 4-50 所示逻辑图，用总线连接方式连接好输出引脚，进行编译、仿真，并下载到器件进行分析，测试计数器 74160 的逻辑功能，并给出真值表。

4.3 利用 Max + plus Ⅱ 软件测试半加器逻辑功能。

首先在 d 盘根目录下建立 d：\ ex4-3 文件夹，启动 Max + plus Ⅱ 软件，新建 Graphic Editor File 文件 *

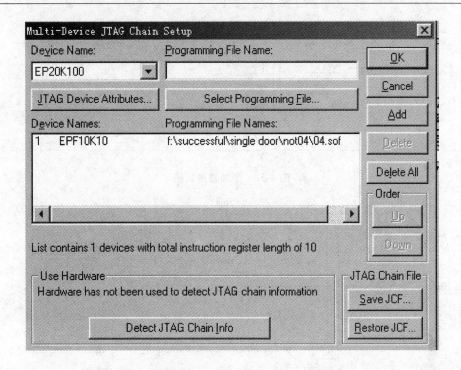

图 4-49　"Multi-Device JTAG Chain Setup" 对话框

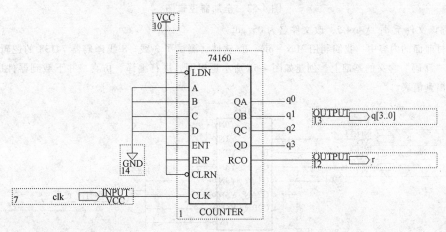

图 4-50　二进制计数器 74160

.gdf，保存该文件至 d：\ ex4-3，改文件名为 03. gdf。

　　利用 Max + plus Ⅱ 软件，创建如图 4-51 所示半加器逻辑图，进行编译、仿真，并下载到器件进行分析，设计并给出真值表。

　　4.4　利用 Max + plus Ⅱ 软件测试全加器逻辑功能。

　　首先在 d 盘根目录下建立 d：\ ex4-4 文件夹，启动 Max + plus Ⅱ 软件，新建 Graphic Editor File 文件 ＊
.gdf，保存该文件至 d：\ ex4-4，改文件名为 04. gdf。

　　利用 Max + plus Ⅱ 软件，创建如图 4-52 所示全加器逻辑图，进行编译、仿真，并下载到器件进行分析，设计并给出真值表。

　　4.5　利用 Max + plus Ⅱ 软件测试由 3 线—8 线译码器 74138 构成的逻辑电路。

　　首先在 d 盘根目录下建立 d：\ ex4-5 文件夹，启动 Max + plus Ⅱ 软件，新建 Graphic Editor File 文件 ＊

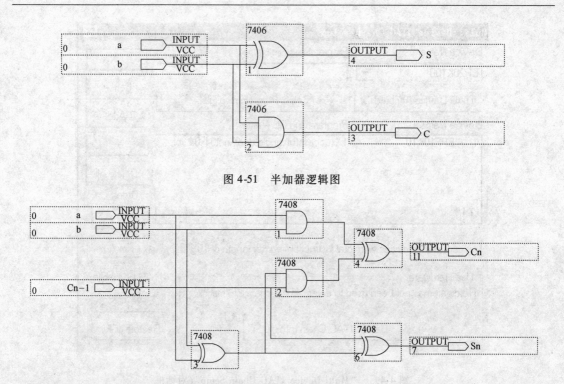

图 4-51　半加器逻辑图

图 4-52　全加器逻辑图

.gdf，保存该文件至 d：\ ex4-5，改文件名为 05. gdf。

　　在教材前面的内容中，我们利用 Max + plus Ⅱ 软件，测试了 3 线—8 线译码器 74138 的逻辑功能，在充分理解"译码"含义的基础上，创建如图 4-53 所示逻辑图，进行编译、仿真，并下载到器件进行分析，设计并给出真值表。

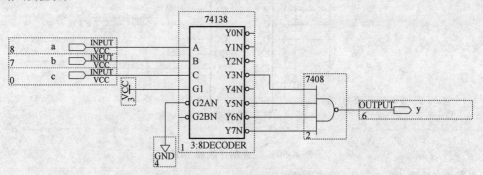

图 4-53　3 线—8 线译码器逻辑电路

　　4.6　利用 Max + plus Ⅱ 软件设计一个楼梯照明电路。

　　该楼梯照明电路，装在一、二、三楼上的开关都能对楼梯上的同一个电灯进行开关控制。合理选择器件完成设计。

　　首先在 d 盘根目录下建立 d：\ ex4-6 文件夹，启动 Max + plus Ⅱ 软件，新建 Graphic Editor File 文件 ∗ .gdf，保存该文件至 d：\ ex4-6，改文件名为 06. gdf。

　　提示：

　　设 A、B、C 分别代表装在一、二、三楼的三个开关，规定开关向上为 1，开关向下为 0；照明灯用 Y 代表，灯亮为 1，灯暗为 0。设三个开关均向下时，灯为暗。根据题意列出真值表，如表 4-2 所示。

表 4-2　楼梯照明电路真值表

A	B	C	Y
0	0	0	0
0	0	1	1
0	1	0	1
0	1	1	0
1	0	0	1
1	0	1	0
1	1	0	0
1	1	1	1

根据真值表，写出逻辑表达式，并化简，得 $Y = A \oplus B \oplus C$。

根据表达式，利用 Max + plus Ⅱ 软件，创建逻辑图，进行编译、仿真、并下载到器件进行分析，检查是否达到设计要求。

4.7　利用 Max + plus Ⅱ 软件设计五人表决器。

要求：对某一个问题有三人或三人以上表示同意时，表决器发出同意的信号。利用 Max + plus Ⅱ 软件，创建逻辑图，进行编译、仿真、并下载到器件进行分析，检查是否达到设计要求。

首先在 d 盘根目录下建立 d：\ ex4-7 文件夹，启动 Max + plus Ⅱ 软件，新建 Graphic Editor File 文件 ∗.gdf，保存该文件至 d：\ ex4-7，改文件名为 07. gdf。

提示：根据题意列出真值表。可设 A、B、C、D、E 分别代表表决者，规定同意为 1，不同意为 0；表决结果由 Y = 1 表示有三人或三人以上同意，反之 Y = 0。可得逻辑表达式为 Y = ABC + ABD + ABE + ACD + ACE + ADE + BCD + BCE + BDE + CDE。根据表达式，利用 Max + plus Ⅱ 软件，创建逻辑图，进行编译、仿真，并下载到器件进行分析，检查是否达到设计要求。

4.8　利用 Max + plus Ⅱ 软件设计一个 2 位二进制数比较器。

要求 A 与 B 都是 2 位二进制数，利用 Max + plus Ⅱ 软件，创建逻辑图，进行编译、仿真、并下载到器件进行分析，检查是否达到设计要求。

首先在 d 盘根目录下建立 d：\ ex4-8 文件夹，启动 Max + plus Ⅱ 软件，新建 Graphic Editor File 文件 ∗.gdf，保存该文件至 d：\ ex4-8，改文件名为 08. gdf。

提示：设 A1、A0 分别表示两位二进制数 A 的高、低两位，B1、B0 分别表示 B 的高、低两位，Y = 1 表示 A > B，Y = 0 表示 A < = B，列出真值表，如表 4-3 所示，并把表填完整。给出逻辑表达式。

表 4-3　A 和 B 比较器真值表

输　　　入				输　　出
A1	A0	B1	B0	Y
0	0	0	0	
0	0	0	1	
0	0	1	0	
0	0	1	1	
0	1	0	0	
0	1	0	1	
0	1	1	0	
0	1	1	1	
1	0	0	0	
1	0	0	0	

（续）

输　　入				输　出
A1	A0	B1	B0	Y
1	0	0	1	
1	0	1	0	
1	0	1	1	
1	1	0	0	
1	1	0	1	
1	1	1	0	
1	1	1	1	

4.9　利用 Max + plus Ⅱ 软件测试双 4 选 1 数据选择器 74153 的逻辑功能。

首先在 d 盘根目录下建立 d：\ ex4-9 文件夹，启动 Max + plus Ⅱ 软件，新建 Graphic Editor File 文件 *.gdf，保存该文件至 d：\ ex4-9，改文件名为 09. gdf。

利用 Max + plus Ⅱ 软件，创建如图 4-54 所示逻辑图，并连接好电路，测试双 4 选 1 数据选择器 74153 的逻辑功能，进行编译、仿真，并下载到器件进行分析，设计并给出真值表，理解数据选择的含义。

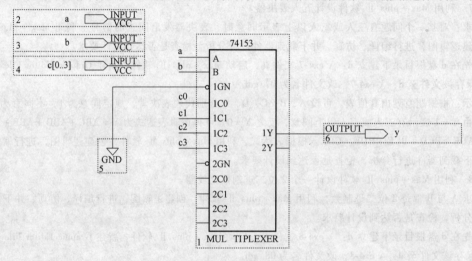

图 4-54　双 4 选 1 数据选择器

提示：进行仿真时，输入波形可如图 4-55 所示设置。

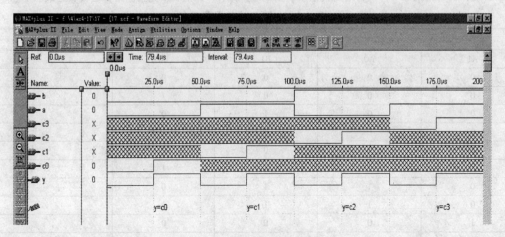

图 4-55　数据选择器仿真波形

有了 4 选 1 数据选择器的真值表，请用与、或、非等门电路来实现 4 选 1 的逻辑功能。

74151 为 8 选 1 数据选择器，你能设计并创建电路，设置输入波形，对其进行测试吗？

4.10　利用 Max + plus Ⅱ 软件测试双 JK 触发器 7476 的逻辑功能

首先在 d 盘根目录下建立 d：\ ex4-10 文件夹，启动 Max + plus Ⅱ 软件，新建 Graphic Editor File 文件 ∗.gdf，保存该文件至 d：\ ex4-10，改文件名为 10.gdf。

利用 Max + plus Ⅱ 软件，创建如图 4-56 所示逻辑图，测试双 JK 触发器 7476 的逻辑功能，根据表 4-4 所示真值表，设计仿真输入波形，进行编译、仿真，并将真值表填写完整，理解触发器功能状态置 1、置 0、状态保持、计数的含义。

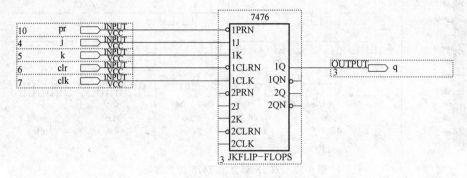

图 4-56　双 JK 触发器

表 4-4　JK 触发器 7476 真值表

步骤	$\overline{PRN}$	$\overline{CLR}$	J	K	CLK	Q^{n+1}		功能
						$Q^n = 0$	$Q^n = 1$	
1			0	0	×	0	1	保持
2	1	1	0	1	↑			置 0
3			1	0	↑			置 1
4			1	1	↑	翻转		计数

提示：Q^n 为触发器的初始状态，可以通过 $\overline{CLR}$ 和 $\overline{PRN}$ 分别给低电平时，触发器的初态可以被置 0 或 1，当二者全为高电平时，触发器的状态由 J、K 的值来决定。

表中 Q^{n+1} 状态可由如图 4-57 所示输入波形测得。

可见，当 J = 0，K = 0 时，只要通过 $\overline{PRN}$ 或 $\overline{CLR}$ 设置了触发器的初始状态 Q^n，Q^{n+1} 将保持 Q^n 不变。

当 J = 0，K = 1 时，触发器状态将被置 0。如：通过 $\overline{PRN}$ 低电平先将其状态置为 1，即 $Q^n = 1$。$\overline{PRN}$ 恢复为高电平时，触发器状态可在时钟脉冲上升沿（即 ↑）到来时发生翻转，被置 0，即 $Q^{n+1} = 0$。

当 J = 1，K = 0 时，触发器状态将被置 1。如：通过 $\overline{CLR}$ 低电平先将其状态置为 0，即 $Q^n = 0$。$\overline{CLR}$ 恢复为高电平时，触发器状态可在时钟脉冲上升沿（即 ↑）到来时发生翻转，被置 1，即 $Q^{n+1} = 1$。

当 J = 1、K = 1 时，触发器将具备计数功能。无论触发器初始状态如何，触发器状态都会在每一个时钟脉冲上升沿（即 ↑）到来时翻转一次，翻转次数计录了时钟脉冲上升沿的个数。

根据仿真波形填写表 4-5 中其他数值，并分析其功能。

用同样的方法测试双 D 触发器 7474 的逻辑功能，试填写如表 4-5 所示真值表。

表 4-5　D 触发器 7474 真值表

步骤	$\overline{PRN}$	$\overline{CLR}$	D	CLK	Q^{n+1}	
					$Q^n = 0$	$Q^n = 1$
1		1	0			
2			1			

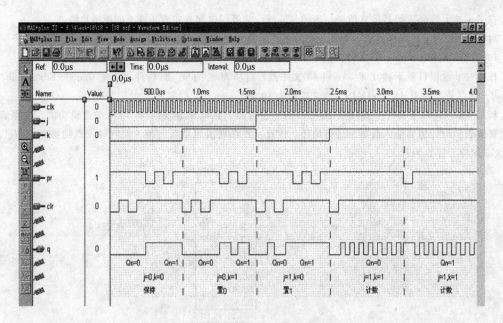

图 4-57　双 JK 触发器 7476 仿真波形

4.11　用双 JK 触发器 7476 设计一个异步十六进制加法计数器。

首先在 d 盘根目录下建立 d：\ ex4-11 文件夹，启动 Max + plus Ⅱ 软件，新建 Graphic Editor File 文件 ∗.gdf，保存该文件至 d：\ ex4-11，改文件名为 11.gdf。

利用 Max + plus Ⅱ 软件，创建如图 4-58 所示逻辑图，进行编译、仿真，画出时序图。并下载到器件进行分析，给出分析结果。

从如图 4-59 所示仿真波形可以看出，该电路输出 q3、q2、q1、q0 从 0000 至 1111 循环显示，为异步十六进制加法计数器。

改变每一个 JK 触发器单元时钟信号连接方法，我们可以得到一个异步十六进制的减法计数器，试试看。

4.12　用层次化设计的方法设计多位全加器。

首先在 d 盘根目录下建立 d：\ ex4-12 文件夹，启动 Max + plus Ⅱ 软件，本题中新建的 Graphic Editor File 文件 ∗.gdf，均保存至该文件夹。

下面我们用层次化设计的方法，将第 4.4 题中建立的全加器逻辑图创建为逻辑符号，我们来绘制如图 4-60 所示 3 位加、减法器的逻辑图，来完成两个 3 位二进制数相加或一个 4 位二进制数与一个 3 位二进制数相减的运算。表 4-6 为多位全加器真值表。

表 4-6　多位全加器真值表

输入			输出	
a3	a [3..0]	b [2..0]	s3	s [3..0]
0	a	b	进位	a + b
1	a	b	借位	a − b

创建如图 4-52 所示一位全加器逻辑图，取文件名为 ex04.gdf，编译成功后，选择菜单命令 "File | Creat Default Symbol"，生成逻辑符号，ex12.sym。

新建 Graphic Editor File 文件，取名为 12.gdf，双击原理图编辑区，打开的 Enter Symbol 对话框如图 4-61 所示，选中 "Symbol Files" 栏中的元件 ex12，按 "OK" 按钮，完成元件放置，并完成逻辑图，成功编译

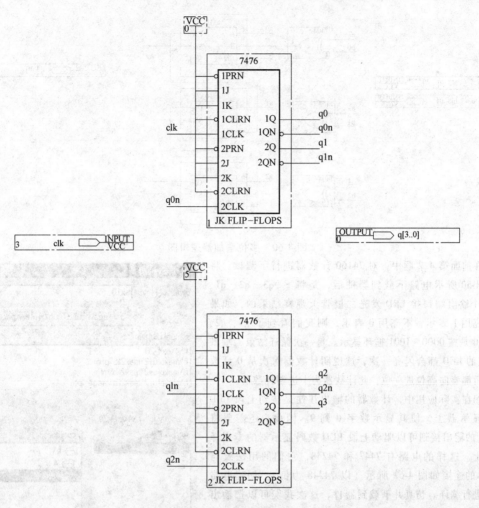

图 4-58　异步十六进制加法计数器

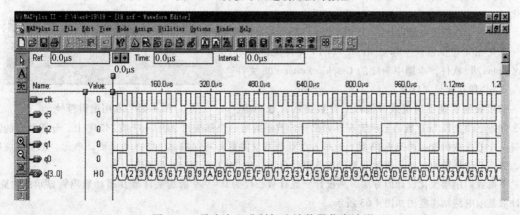

图 4-59　异步十六进制加法计数器仿真波形

后仿真并下载到器件进行分析，检查是否实现了逻辑功能。

4.13　计数、译码、显示电路设计。

首先在 d 盘根目录下建立 d：\ ex4-13 文件夹，启动 Max + plus Ⅱ 软件，新建 Graphic Editor File 文件 *.gdf，保存该文件至 d：\ ex4-13，改文件名为 13. gdf。

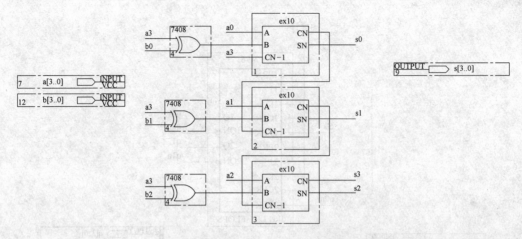

图 4-60　多位全加器逻辑图

在前面第 4.2 题中，对 74160 计数器进行了测试，将如图 4-50 所示电路下载到器件后，是将 r、q3、q2、q1、q0 五个输出端口接 LED 发光二极管上观察结果的，如果 LED 亮用 1 表示，不亮用 0 表示，则我们看到了 q3、q2、q1、q0 是按 0000~1001 循环显示。每一次循环结束，端口 r 所接的 LED 都会闪亮一次，这说明计数器每次从 0 计数到 9 后都要向高位进一位，此计数器为十进制计数器。

而在实际应用中，计数器的输出往往是接到七段 LED 数码显示器上，使其显示数字 0 到 9。因此，还需要将 74160 的输出接到可以驱动七段 LED 数码显示器的专用译码器上。这样的电路有 7447 和 74248，它们的用法及与 74160 的连接如图 4-62 所示（以 74248 为例）。创建电路图，进行编译、仿真并下载到器件，这次我们可以把输出接到实验箱七段 LED 数码显示器的端口上，观察它显示的变化。

4.14　动态扫描电路设计。

首先在 d 盘根目录下建立 d：\ ex4-14 文件夹，启动 Max + plus Ⅱ 软件，本题中新建的 Graphic Editor File 文件 *.gdf，均保存至该文件夹。

前面我们实现了两位或两位以上计数器的计数功能，

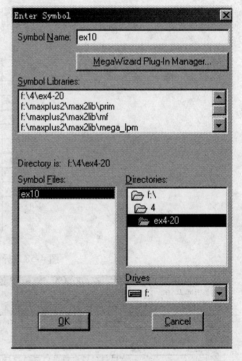

图 4-61　取用逻辑符号

那么如何驱动七段 LED 数码显示管呢？如果将计数器的每一位都接到一块 7447 或 74248 上，分别独立的驱动每一个七段数码管，像第 4.13 题，这样 n 位计数器就需要 n 只 7447 或 74248 显示驱动单元。在实际应用中，并不是这样做的，而是通过动态扫描电路，只用一块 7447 或 74248 来完成。

下面我们用层次化设计的方法，来设计完成计数长度为 0~999 的加法计数并驱动数码管显示的电路。该计数显示电路结构框图如图 4-63 所示。

电路由十进制计数器（COUNT999）、七段显示译码器电路（DISPLAY）和分时总线切换（动态扫描）电路（SCAN）三个模块构成。

创建如图 4-64 所示 3 位十进制计数器电路逻辑图，取文件名为 count999.gdf，编译成功后，选择菜单命令"File | Creat Default Symbol"，生成逻辑符号。

创建如图 4-65 所示七段显示译码器电路逻辑图，取文件名为 display.gdf，编译成功后，生成逻辑符号。

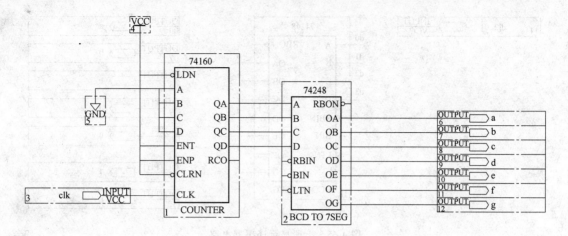

图 4-62　计数、译码、显示电路

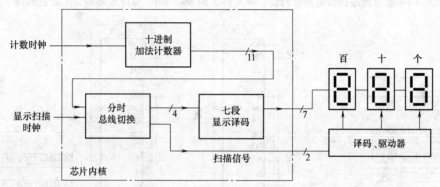

图 4-63　计数显示电路结构框图

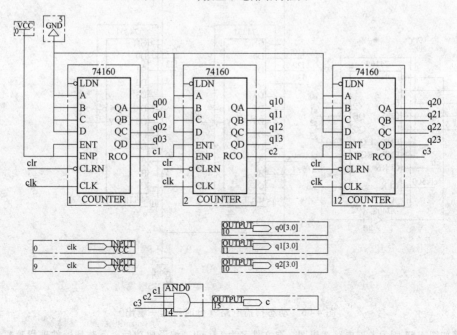

图 4-64　3 位十进制计数器电路

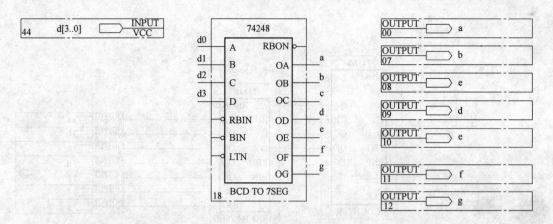

图 4-65　七段显示译码器电路

创建如图 4-66 所示动态扫描电路逻辑图，取文件名为 scan. gdf，编译成功后，生成逻辑符号。

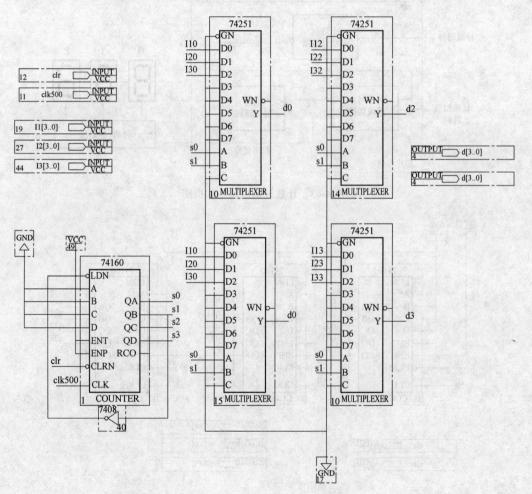

图 4-66　动态扫描电路（分时三选一输出）

创建如图 4-67 所示上层电路逻辑图，取文件名为 14. gdf，编译成功后，下载到器件进行观察分析，检查是否达到了设计要求。

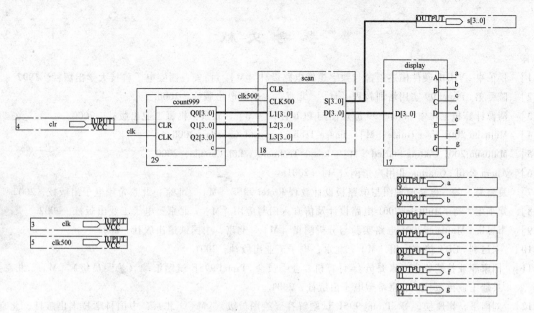

图 4-67　总电路

4.15　用层次化设计的方法设计数字时钟电路。

提示：计数器为 6 位，时、分、秒各两位，进制不同，"时"位为 0～23 计数，"分"、"秒"位均为 0～59 位计数，七段显示译码电路仍不变。动态扫描电路要稍做修改（分时六选一输出）。

在实际生活中数字时钟是可以调整的，你可以在该时钟电路的基础上加上调整端，这样就可以把当前的时刻置位给时钟，我们就有了一块电子表了。把该时钟电路中的"小时"位去掉，在"秒"后面加"百分秒"位，即 0～99 计数器，构成秒表电路。

参 考 文 献

[1] 侯伯亨 . VHDL 硬件描述语言与数字逻辑电路设计 ［M］. 西安：西安电子科技大学出版社，1997.

[2] 陈爱弟 . Protel 99 实用培训教程 ［M］. 北京：人民邮电出版社，2000.

[3] 清源计算机工作室 . Protel 99 原理图与 PCB 设计 ［M］. 北京：机械工业出版社，2000.

[4] Multisim 2001 User Guide ［M］. Image Technology Ltd. Canada，2000.

[5] Multisim 2001 Getting Started ［M］. Image Technology Ltd. Canada，2000.

[6] Altera 公司 . Quartus Ⅱ 用户指南 ［M］. 2001.

[7] 夏路易，等 . 电路原理图与电路板设计教程 Protel 99SE ［M］. 北京：北京希望电子出版社，2002.

[8] 郑步生，等 . Multisim 2001 电路设计及仿真入门与应用 ［M］. 北京：电子工业出版社，2002.

[9] 韦思键 . Multisim 2001 电路实验与分析测量 ［M］. 北京：中国铁道出版社，2002.

[10] 朱运利 . EDA 技术应用 ［M］. 北京：电子工业出版社，2007.

[11] 国家职业技能鉴定专家委员会 计算机专业委员会 . Protel 99SE 试题汇编（绘图员级）［M］. 北京：
      兵器工业出版社，北京希望电子出版社，2004.

[12] 刘南平，崔雁松，等 . Protel 99SE 试题解答（绘图员级）［M］. 北京：中国科学技术出版社，北京
      希望电子出版社，2004.

[13] 朱运利 . 电子设计自动化（上册）［M］. 北京：北京希望电子出版社，2006.

[14] 黄蓉 . 电子设计自动化（上册）［M］. 北京：北京希望电子出版社，2006.